Web世代が知らない

エンタープライズ システム設計

16の視点から学ぶ
一生使える
上流工程の勘所

IT勉強宴会

日経BP

はじめに

何がシステム開発者の「ワイガヤ」を殺したか、再生の処方箋を示そう

エンタープライズシステム、つまり企業情報システムを設計、開発、運用するための本質的で枯れないノウハウがある。例えば要件定義を含む業務設計やデータベース設計、運用設計などだ。こうした上流工程の楽しさを多くの技術者に伝えたいと考え、2010年から『IT勉強宴会』という一風変わった名称の勉強会を始めた。

IT勉強宴会の正会員メンバーが本質的で枯れない具体的なノウハウをお伝えするのが本書の目的である。全員が長年、エンタープライズシステムの設計にたずわさってきたプロたちだ。ただなぜ本書の内容を書こうと思ったのかという理由を説明する意味を含め、まずはこのNPO法人を始めた経緯と目的をかいつまんで紹介する。

まずは名前の由来からだ。

流行したドラマの「暗闇でしか見えぬものがある。暗闇でしか聴こえぬ歌がある」というセリフをまねて言うと「ワイガヤでしか伝わらぬノウハウがある」と信じている。

狙いは上流工程のあれこれを議論し合う「ワイガヤ」の場を企業の枠を超えて提供すること。だから宴会と名付けた。ワイガヤは本田技研工業が始めた「課題やテーマを共有しながら自由にざっくばらんに話し合い、深いところにある答えを探り出していく」方法である。

エンタープライズシステムの設計にもワイガヤが使える。自分の設計方針や設計結果を多くの仲間に見てもらい、話し合えば、自分の経験が仲間の経験になると共に自分も成長できる。レビューとは違い、結論を出すことに重きは置かず議論の中で気付きを得ることが重要だと思っている。

「宴会という名前が付いているから出張申請が通らない」などクレームをいただいたこともあるがこの名称には意味も思い入れもあり変更する予定は今のところない。

図　IT勉強宴会の設立趣意

IT勉強宴会の設立趣意

日本のIT技術は黎明期から海外、特に米国から輸入したものが多かったとはいえ、わが国で独自に進化したものもあった。ところが1995年頃Windowsを含み、技術動向が激変した。それまで主流だったIT技術も開発手法も急に古いものに感じられてしまった。その頃中堅となり後輩を教育すべき技術者は技術のキャッチアップに注力した。その結果として、その頃以降IT業界に入ってきた技術者が業務システムを教わる機会がなくプログラミングに注力するようになり、業務システム設計を実行出来る若い要員が育ちにくくなった。IT勉強宴会は業務システム設計で困った時に何でも気軽に尋ねられるコミュニティとしての「場」の創出とそのIT技術者を通した社会貢献の実現のために、IT勉強宴会、コミュニティ事業、IT技術者に向けた出版・商材販売事業を行う。法人格を具備し、社会的な責任・使命を自覚した上での実践的な活動を目指す。また事業内容が非営利を目的とするためNPO法人とする。

2つの波がノウハウ継承を阻害した

読者諸賢は業務設計やアーキテクチャーの検討で迷った時どうしているだろうか。周りにいる先輩や後輩、しかも社内外を問わず多くの方を巻き込み、場合によっては夜遅くまでワイガヤをしているだろうか。

筆者は1984年からコンピューターメーカーの系列企業で26年間SEとして勤めた後、大手クラウド企業に転職して3年8カ月在籍した。その後、現在の所属先に入ってもうすぐ7年になる。

通算すると38年間、現役でエンタープライズシステムを構築し続けている。だが､ある時期から「教えてもらう」ことはあっても「議論する」ことが減ってきたように感じている。

私見だが次の2つの「波」を受けた時から議論をする雰囲気、すなわちワイガヤが失われていったのではないか。1つの波はオープンシステムである。企業でしか所有できなかった大型汎用機（メインフレーム）を使う時代から個人でも買えるPCで開発し、動かす時代がやってきた。もう1つは日本企業に目標管理制度が導入され残業規制が厳しくなったことである。

2つの波はほぼ同時にやってきた。筆者が就職したころ、エンタープライズシステムの構築には汎用機またはオフィスコンピューター（オフコン）を使うのが常識だったが、1990年ごろからエンタープライズシステムをUNIXマシン上の関係（リレーショナル）データベースを使って開発することが増えた。Windows NTが出てLANが標準で使用できるようになるとオープンシステムは後戻りできないほどの爆発的な広がりを見せた。

そのころシステム開発企業の中で主任あるいは課長になっていた筆者のような年代の技術者は従来と180度違うように見えた技術が入ってきたことに戸惑い、技術のキャッチアップに必死になった。

その結果、「ワイガヤ」などを通してメンバーを育てることが疎かになったのではないかと反省している。新入社員として入ってきた技術者は先輩から教わる機会があまりなく、プログラミングやデータベースの導入などのスキルは研修と自力で身に付けたが、業務設計やそのノウハウ習得まで手が回らなかった。筆者はこう見ている。

筆者のような中堅技術者は4～5年もするとオープンシステムといっても従来の汎用機で培われた技術の延長でしかないことに気付いた。だが、その時には4～5年下の後輩との世代間ギャップが大きくなり過ぎていた。業務設計の経験が乏しい後輩たちが新入社員の面倒をみる。新入社員はますますプログラミングやツールのほうへ寄ってしまう。

こうして汎用機の技術よりオープンシステムの技術の方が新しくて上だと思い込む若手が増えていった。1995年春ころに次の会話を若手としたことを覚えている。

「佐野さん、次に出るWindowsはプリエンプティブなマルチタスクなんですよ」

「プリエンプティブって何」

「プログラムへのCPU割り当てが時分割に行われるのです」

「それって一般用語ではタイムシェアリング、時分割。汎用機では当たり前だよ」

「そうなのですか」

「時分割なら共有リソースを扱う時のセマフォ管理はどうなっているの」

「セマフォって何ですか」

「ダイクストラが考案したロック処理だけど知らないの」

「ダイクストラって誰ですか」

「・・・・」

そういえば筆者が構造化プログラミングを提唱したコンピューター科学者のE・W・ダイクストラを知ったきっかけは会社内のワイガヤだった。教わって次の日曜日（当時は土曜日も出勤日だった）に書店に行き、データベースを検索し、『構造化プログラミング』（野下浩平訳、サイエンス社、1975）を購入した。

成果主義がワイガヤを殺した

もう1つの波である目標管理制度はもともと、1960年代に経営学者のピーター・ドラッカーなどによって提唱された。上司と部下が目標をすり合わせ、そこから先は部下が自律して目標達成に取り組むことを狙っていた。

ところが日本では1990年代後半、バブル崩壊により企業がコストダウンを迫られる中で悪しき成果主義（ノルマ主義）の付属品のような形で目標管理が誤って伝えられた。会社自体に余裕がなくなったこともあり残業規制も厳しくなった。

この結果、技術者は自分のプロジェクトにだけ専念するようになり、他のプロジェクトの技術者と社内で意見交換することが事実上難しくなった。

最適な業務設計をするためには多くの人と議論し、新しい方法を考え出したり発見したりする必要が本来あるがそれができなくなった。自分の経験だけを頼りにしたり、ある先輩から教わったヒントを絶対の真理であるかのように受け取ってしまったりする人が多くなってきた。

これではプロジェクトはうまくいかない。同一の企業が存在しないように複数のエンタープライズシステムが全く同じになることはありえないからだ。似ていてもどこかが違う。

こうして日本のシステム開発会社の技術者、さらには企業の情報システム部門の技術者が業務設計に苦手意識を持ってしまった。少なくとも筆者はこう考える。

業務設計に不可欠なデータモデル

冒頭でエンタープライズシステムを開発、運用するための枯れないノウハウがあると書いた。業務設計を進める際に有用であるにもかかわらず、多くの技術者に伝わっていないのがデータモデルの考え方だ。本書でも何度も登場してくる。以下でモデリング、ER図といったデータモデルに不可欠なものを含めて少し説明したい。本書をより深く理解できるようになるはずだ。

皆さんは、データモデルと聞いて何を想像されるだろうか。「データベースのテーブル構造をER図ってやつでビジュアル化することでしょ？」ととらえている方がほとんどではないだろうか。全くの間違いだとは言わないが、データモデルの本当の意味が理解されていないように思う。

モデリングとは現実の業務の世界（販売、在庫、購買など）を抽象化し図式表現にすることである。業務の手順や画面・処理（プロセス）を図式化する設計方法をPOA（プロセス中心アプローチ）と呼ぶ。ところが業務手順や画面・処理は頻繁に変わるためわずかな変更でも大幅な改修が必要になる。それに対して、変化しにくい「データ」の構造や流れに着目して図式化する設計方法をDOA（データ中心アプローチ）と呼ぶ。この時に作成する図式がデータモデルである。

ER図（Entity Relationship Diagram）とはエンティティー（モノ）とリレーションシップ（関係）を図式化したもの。ただしDOA（データ中心アプローチ）の提唱者でデータ総研創業者の椿正明氏が提唱したTHモデルはデータモデルだがER図ではないと言われているので、データモデルの方が広い概念である。

表記法や設計手法には各種あるが、IT勉強宴会では「どんな形式でも良いのでモデルを描こう」とお薦めしている。特定の手法を薦めることもしていない。

もう少し補足する。リレーショナル理論は1970年にE・F・コッド博士により最初に公表された。そこでは1つのエンティティー内の属性同士の関係（いわゆるタプル）を「リレーション」と呼んでいる。要するに主キーと属性の関数従属性である。広場に、全部の項目をぶちまけるとする。主キーになりそうな項目を持ち上げると、つるつると一緒に他のエンティティーが上がってくるイメージである。「リレーションシップ」はあるエンティティーが持つ主キーと、他のエンティティーが持つ外部キーとの関係である。

本文の中に「帳簿組織」という用語が何度か出てくるので解説する。そもそもは会計用語であり、どのような帳簿をつけ各帳簿の間にどんな記帳関係を保たせるかを設計することである。データモデルもプログラムを創ることが目的ではなく、ビジネスを正しく写像することが目的なので比喩として、帳簿組織と呼んでいる。どんな業務システムでも最終的には会計につながるため会計帳簿を意識した設計にしようという含意もある。

昨今は「モデルと言えばドメインモデル」というイメージが強くなり、解説書も多く出版されている。ドメイン駆動設計、いわゆるDDD（Domain Driven Design）とは、ソフトウエア構築支援のコンサルタントであるエリック・エヴァンスが提唱した、ユーザーが従事する業務に合わせてソフトウエアを開発する手法である。『エリック・エヴァンスのドメイン駆動設計』(翔泳社、2011年)を読むとそれほど違和感はないのだが日本での広がり方には違和感を覚えることも多い。本書を読めば筆者の違和感が少しは共有できるかもしれない。

本書の構成について

以下で本書の構成と各章のポイントについて説明する。

第1章「若奥さんを助けるための『花束問題』、これが解けたら立派な中堅技術者だ」では、業務設計、そして業務設計を進める上でのデータモデルの重要性を指摘する。COBOLからJavaへ、ウオーターフォールからアジャイルへ、言語や開発スタイルが変わっても、システム開発を成功させるために変わらないポイントがある。

第2章「本当は怖い『プログラミングの学び過ぎ』、実装オジサンを避ける必須知識はこれだ」、第3章「顧客の要件があいまいすぎる？プロは嘆く前に『専門性』を磨く」では、プロとしてシステムを構築する際には、利用者（顧客）が何を望んでいるかをとらえる能力、専門性の高さが重要だという点を指摘する。

第4章「スコープ決定の『やってはいけない』、予算や納期にこだわるべからず」、第5章「DX時代にUI偏重は危険、ユーザーヒアリングのまんま設計するな！」では、大規模プロジェクトの進め方の勘所を示す。具体的には正確なスコープであり、データモデルを用いたセオリーの決定である。

第6章「2025年の崖を前に再構築を見送り、情シス部長はなぜそう決めたのか」、第7章「しっかりしたシステム企画を立てるコツ、アリストテレス伝来の『型』にはめよう」では、エンタープライズシステム開発の中心となる情報システム部門、情シスに何が求められるかを考える。具体的には、現実的で合理的な意思決定、企画立案能力のコツだ。情シスは当然だが、情シス以外の立場でシステム開発にかかわっていても有用な情報である。

第8章「『構築すべきではないシステム』の構築を避ける目的手段展開法」、第9章「『RDB生みの親』の提言から50年、データの泥沼から出られない日本企業」では、GOAL、すなわち目的の共有と自社で管理しているデータの把握が、実際に業務に役立つシステムの開発に不可欠なことを説明する。

第10章「設計者やプログラマーは『見えない問題の探求者』、創造の暗黙知を継承せよ」では、ハンガリーの科学者、哲学者であったマイケル・ポランニーの『暗黙知の次元』（高橋勇夫訳、筑摩書房、2003）を引用しながら、企業内に埋もれている明文化されていない知恵、暗黙知を知ることの大切さに触れる。少し抽象度が高いと感じるかもしれないが、設計の成功には暗黙知が関係する。人との会話やワイガヤが暗黙知の形成には大きな意味を持つ。

第11章「ジャック・ウェルチをぎゃふんと言わせた、伝説のコンサルに学ぶ『方法論』の本質」、第12章「システム設計で成功したいあなたへ、業務ドメインにデータモデリングで切り込もう」では、古くて新しいシステム開発方法論の意味を伝える。データマネジメントと業務ドメインは重要な要素になる。

第13章「顧客の部門長に何が何でも会い、『あるべきシステム』を掘り出せ」、第14章「顧客も技術者も不幸になる人海戦術に終止符を、実データで設計を吟味せよ」では、適切なキーパーソンへのヒアリング、これを反映した業務フロー図、データモデルを通じて、システム開発成功の確率が高まることを示す。

第15章「若手エンジニアには分からない？業務システムになぜRDBが必要か」、第16章「Web世代の皆さん、企業情報システムを見たことがありますか？」では、いわゆる業務システムの開発には、Web系での経験だけでは不十分だという現実を指摘する。特に重要なのはRDBの理解だ。Webの開発経験しかない若手エンジニアに特に読んでほしい。今は不要だと思っているかもしれないが、やがて必要な時がくる。

教科書のように体系立てているわけではないが、すべての章にシステム設計の現場で必ず役に立つポイントが詰まっている。さらに各章で示される上流工程の勘所を合計80掲載した。これを読むだけでも参考になる。すべて読めばさらに理解が深まる。１章ずつ完結したテーマになっているため、タイトルを見て興味を持たれた章から読んでもらえればいい。

本書の内容が、ご自身の成長だけでなく、皆さんにとっての新たなワイガヤにつながればこれほどうれしいことはない。それではIT勉強宴会の旅路を楽しもう。

佐野 初夫　IT勉強宴会 理事長（テラスカイ スペシャリスト）

各章の勘所

以下に各章で示した80の勘所を掲載する。各章の文章全体と合わせて読めば意図する内容がより明確に伝わってくる。各章の冒頭にも該当する勘所を再掲した。

第1章で示す勘所

・必ず一度分析し、抽象化してから解決策を考える。現実の問題から直接、解決策を考えたくなるかもしれないが、問題を裏返しただけの対症療法になりがちだし、解決領域のシステムをつくれない
・業務設計に正解はない。どこをポイントと見るかによって千差万別の解決策が出てくる
・すべての業務処理は最終的に会計処理につながる。したがって帳簿組織を意識した設計（帳簿設計）にも必要最低限の会計帳簿の知識が求められる
・業務設計には担当者へのヒアリングが欠かせない。筆者は初めての業務分野で設計をする際、事前にその業務の本を2～3冊買い、一通り読んでから、業務の担当者にヒアリングしている
・個別の詳細な業務要件は冒頭に書いた「現実」でしかない。それを「抽象」の世界で分析し、モデルにまとめれば、そのモデルは現場の担当者やIT技術者との間の共通言語になる

第2章で示す勘所

・「技術親和性」が意外な陥穽（かんせい）になり得る
・「エンタープライズシステム」の世界はまさに「ソフトウエアの適用分野」の1つだ。そしてこの分野の専門性には、簿記を含む豊富な業務知識、そしてあいまいな要望を具体的な設計仕様に落とし込むためのスキルなどが含まれる
・3種類のプログラミング言語を習得すれば、それ以降は勘が働くように

なる。4番目以降の言語については業務上の必要が生じたときにおっとり刀で学べばいい
- 創造的なソフトウエアというものは、専門家による構想と、その分野の専門性を一定以上持つ開発者の技能とが融合して初めて生み出される
- コーディング主体の開発態勢を捨て、書くべきコードの量が10分の1になるくらいの開発基盤を導入すれば、適用分野の専門性を身に付ける余裕が生まれる

第3章で示す勘所

- 「簿記を含む多業種向けの業務知識」「システム要件を具体的な設計仕様に落とし込むスキル」「システム開発に最適化された実装スキル」、これら3点が企業情報システムの専門性だ
- 優れた業務システムは「優れたアプリケーション構成」ではなく「優れたデータベース構成（データモデル）」を基礎としている。「優れた業務体制（業務の連係様式）」はそれらが積み上がった最上位の果実である
- DOA（データ中心アプローチ）では、顧客の要望と現行システムの仕様から「あるべきデータベース構造」を確立することを優先する。この過程がデータモデリングである
- DXを狙う全面刷新プロジェクトにおいては、顧客にとって思いもよらなかった「革新的なデータベース構造」が創案され、そこから「革新的な業務フロー、処理ロジック、UI」が導かれなければならない
- 「アジャイル開発手法」をいきなり実装することだと解釈するのであれば、広域のデータモデリングを先行させる筆者の手法のほうが堅実かつ効率的だ。「急がば回れ」である

第4章で示す勘所

- 情報システムの開発トラブルは依然としてなくならない。失敗の原因は要件仕様、開発者のスキル、採用した技術などさまざまなところにあるが、そもそものスコープのとり方に問題がある場合が多い
- スコープを決める際、「1つ外側のスコープへの拡張」を常に意識しておく

・複数のスコープに分けて開発を進めざるを得ない場合、出来上がってくる複数のシステムを統合する仕組みを用意する
・スコープを検討する上で最初に注意しなければならないのが、構築する範囲であるプロジェクトスコープと、設計する範囲であるデザインスコープは異なること
・システム開発においてはまず、予算や納期などと無縁のデザインスコープを意識する。デザインスコープが先にあり、その後で予算や納期との兼ね合いでプロジェクトスコープを決める

第5章で示す勘所

・ユーザーヒアリングのまんまシステムを作ってはいけない
・UI（ユーザーインターフェース）偏重で良いシステムはできない
・ビジネスルールに普遍性があり、それに基づくシステムのロジックにセオリーが確立しており、データモデルがほぼカスタマイズなしに適用できる分野であればパッケージやSaaSを活用できる
・データ層の抽象化モデルはユーザー企業にとってソースコード以上に貴重な資産になる。このデータモデルをメンテナンスし続け、時代に合った実装技術をミートさせてシステムを構築すれば、その時代の最良システムになる
・DXを支える情報システムは、前例なき、セオリーなきシステムの典型だ。DXの時代にこそデータの重要性は今以上に高まる。データモデリングという抽象化作業を経て、ビジネスそのものをモデリングすること、すなわち「ビジネス要求を創る」ことこそが真のDXにつながる

第6章で示す勘所

・当該事業の稼ぎに企業が頼り、稼げる理由の中にITが入らないなら、情シスの役目は裏方の仕事を全うすることだ。下手に手を出して調子よく回っている事業を止めるようなことがあってはならない
・当該事業が「強みを新たに構築中」あるいは「強みの再構築の途上」という段階なら、情シスはがぜん前のめりになる。競争力にITをビルドインすることイコール情シスのプレゼンス向上だからだ
・「社会的な異常事態の発生」はライフラインの担い手としての情シスに

突然スポットライトを当てる。平時とは異質のプレッシャーにさらされるが、こんなときだからこそ踏み切れることもある。情シスが理想とするインフラ構築へ走る好機到来と捉える
- 留意すべきは他部門との協働である。事業を回すすべての部門が密接に連携し、その連携の妙からしみ出るものが企業の強みだ
- 連携を進めるために情シスがとれる1つのやり方はあえて突出することだ。ITの専門知見を振りかざし、思い切った施策を提示し、組織を揺さぶる

第7章で示す勘所

- 何かを企てる際に押さえるべきポイントには会社や案件を超えた普遍性がある。ならばそれを盛り込んだ作業手順を規定して「型」にしてしまおう
- 型にはめることで企画の質のバラつき抑制、芽のあるアイデアの埋没回避、不完全な企画の通過阻止ができる。立案へのハードルが下がるためか、トライの数も増える
- 「数字のAsIs」を把握しておく。インパクトをどれだけ定量的に表現できるかが成否の分かれ目である
- 周囲を巻き込む。一人の創意には限界がある。どんどん現場へ出向いて当事者たちに相談を持ち掛けよう。その際、型は意見集約の場として機能する
- 場数を踏む。どんな思い付きでも一度は型にはめて頭を絞ってみよう。たとえ不成立に終わってもその過程を振り返ることで頭の中の引き出しが増える

第8章で示す勘所

- 生産的な営みのためには「構築すべきもの」を明らかにすることが必要
- システム構築プロジェクトにおいては組織ミッションの変革や業務ルールの変更を含めて検討しなければならない
- 広義の情報システムをどう実装するかには多くの選択肢があり、担当する業務や立場、役職によって見方は異なる。システムの目的と生み出す価値を明らかにし、関係者が納得するGOALを定めるのが先決である

・アイデアを分ける時期を複数想定し、施策を段階的に集約していけば、多段階を経て実現していく計画に展開できる
・目的と手段の構造が出来上がると手段を見える化できコストも明らかになっていくため、費用対効果分析が可能になる

第9章で示す勘所

・業務ルールを表現する概念データモデルとDBMSに実装するテーブル構造の仕様を表す物理データモデルの中間に、セキュリティーやガバナンスを実現するための論理データモデルを置く
・ビジネスに新たな施策やルールが反映されると概念データモデルも変化する
・データモデルは業務ルールを写し取れる、ただしその表現力には限界がある
・「データモデル」には本来、図だけではなく、各種説明書も含まれる。すなわち「データモデル＝データダイヤグラム+各種定義書」である
・エンジニアリングとは「反省＆検証＆積み上げ方式」

第10章で示す勘所

・暗黙知があるから、設計者やプログラマーは全体を掘り出せる
・当初の問題は一旦分解され、「一貫した全体」であるモデルを使って再構築・再定義されている
・モデルは、意図的に設計できるものではなく、「我意」のない設計により「創造」されるものである
・プログラミングの領域における有力な知識・技能の伝達方法として、ペアプログラミングを挙げておきたい。プログラミングに限らずシステム設計やモデリングをする場面でもペア作業は伝達に有効だろう
・「課題やテーマを共有しながら自由にざっくばらんに話し合い、深いところにある答えを探り出していくワイガヤ」は暗黙的な知識伝達の場として考えられる

第11章で示す勘所

・どの世界でも手法や技術は移ろうが、方法論の核心部分は陳腐化しない

・システム設計は問題点やニーズの解明から手掛けることが多いと思うが、ブライスの考えは違う。「利用部門がどんな情報が欲しいのかを解明せよ。それがすべてだ」
・情報要求が真正と分かったら、データ要素を解明する。ここで認定されたデータ要素は利用部門のお宝だから、どんどん定義し、利用に備える。データマネジメント部門を設置し、権限を与える
・データマネジメントで大切なのは業務間の共有データ要素をしっかり把握することだ。システムによって業務を安全に連動できるように設計するには、共有データ要素の挙動から絶対に目を離してはいけない
・システムを工業製品ととらえる。言い換えるとシステムを利用部門の目に見える構造物として表現する。利用部門自身が責任をもってマネジメントしやすい構造にしなければならない

第12章で示す勘所

・情報システムを作るとき、対象となる業務のドメインを意識して議論すると、仕事の精度が高まり、システムを使う業務部門の担当者と、システムを設計・開発するエンジニアとのコミュニケーションもうまくいくようになる
・業務ドメインでは何かの状態を監視し、制約したり動かしたりするわけでそれらをデータモデルで表現できる
・ビジネスの性質が変わるとき、業務ドメインの変化を端的に表すデータ要素が登場することが多い。データモデリングは、カギとなるデータ要素を把握し分析するのに役立つ
・データモデラーは正規化という武器を、科学の分光器のように使って、業務ドメインを鮮やかに解明する
・業務には構造がある。パターンや型と呼ぶ人もいる。有用な手続きがあったら、これを構造ないしパターンとしてとらえ、何度も繰り返して適用できるように業務に仕込む

第13章で示す勘所

・価値あるシステムを作るには企業会計の理解と、対象業界におけるビジネスモデルの俯瞰（ふかん）的な理解の両方が必要

・ユーザーと徹底的に話をする。ユーザーとは顧客の現場担当者、幹部、経営者などである
・想像力を働かし業務システムが動いている姿をイメージし具体的に何が良くなるのかを体感する。業務フロー図に沿って業務担当者が仕事をしている姿が浮かべばよい
・業務フロー図で導かれたあるべき姿の強度を保証するのがデータモデルである。両方がそろって上流工程と開発工程をつなぐ懸け橋になるから双方の作業を同時並行で行う
・業務のあるべき姿に合致した形でデータモデルを導出できれば、多くのビジネスロジックとシステム画面・帳票のレイアウトは容易に作れる

第14章で示す勘所

・ER（エンティティー・リレーションシップ）モデルを使えば業務システムの構造を表現しやすくリレーショナルデータベースに実装できる
・実データの動きを把握したユーザーはさまざまな注文を出す。それをデータモデルに反映し、実データを使って再び動かす。何度も話し合っているうちに技術者は業務への理解を深め、データモデルをより深いものにしていく
・ユーザーに驚くような変化が起きる。データベースの構造を理解していく
・データモデルが完成した時点で業務システムもほぼ完成する仕組みがあれば人海戦術を無くせる
・データモデルに提示される、データ同士の関係は業務で表示したり加工したりしていく情報そのものであり、ここにほとんどすべてがある

第15章で示す勘所

・業務システムの場合、現場オペレーションの要求を分析しただけではRDBの設計につながらない
・ドメイン駆動設計の用語で立場あるいは視座を「コンテキスト」と呼び、コンテキストを前提にした語彙集を「ユビキタス言語」という。まず視座を定義し、次に視座ごとに用語を定義すれば、関わる情報構造の全体を描き出せる

・RDBは帳簿
・各現場コンテキストにはそれぞれの情報構造がある。さらに事業者コンテキストとしての情報構造が必要で、それをRDBが担う
・画面からRDBを機械的につくるのではなく、現場の視点と管理の視点から、帳簿（RDB）をしっかり設計しなければならない

第16章で示す勘所

・Web世代はECなどのWebサービスシステムを開発する。ただし徐々に企業情報システムに関わるようになりつつある
・関わるアクターが3以上の場合、企業情報システムと呼ぶ
・企業情報システムは所定の機能を実現したいという比較的はっきりした狙いがあり、事前にデータモデリングをして設計する。ふさわしいデータ構造を考え、計数がきちんと合うかといった整合性を重視する
・Webサービスシステムの世界は一つの豊穣（ほうじょう）なドメインを形成している。古いとか新しいとかの話ではない。異なるドメインがあり、それぞれ違うやり方がある
・複数のアクター間で相互に交換されるデータを俯瞰（ふかん）できるモデルを確立しないまま、企業情報システム開発へ突入すると、いつまでたっても結合テストをパスできない事態に陥る

目次

第1章

若奥さんを助けるための「花束問題」、これが解けたら立派な中堅技術者だ

佐野 初夫
IT勉強宴会 理事長(テラスカイ シニアスペシャリスト)

第1章で示す勘所

・必ず一度分析し、抽象化してから解決策を考える。現実の問題から直接、解決策を考えたくなるかもしれないが、問題を裏返しただけの対症療法になりがちだし、解決領域のシステムをつくれない

・業務設計に正解はない。どこをポイントと見るかによって千差万別の解決策が出てくる

・すべての業務処理は最終的に会計処理につながる。したがって帳簿組織を意識した設計（帳簿設計）にも必要最低限の会計帳簿の知識が求められる

・業務設計には担当者へのヒアリングが欠かせない。筆者は初めての業務分野で設計をする際、事前にその業務の本を2～3冊買い、一通り読んでから、業務の担当者にヒアリングしている

・個別の詳細な業務要件は冒頭に書いた「現実」でしかない。それを「抽象」の世界で分析し、モデルにまとめれば、そのモデルは現場の担当者やIT技術者との間の共通言語になる

第1章では、「花束問題」を通じて、業務設計、そして業務設計を進める上でのデータモデルの重要性を指摘する。まず以下に花束問題とは何かを示そう。

ITの仕事をしているあなたの実家の隣に花屋がある。子供のころから知っている花屋の若奥さんから次のように頼まれたらあなたはどうするか。

「お母さんに聞いたけれどコンピューターのお仕事をやっているのですって。花が余ってしまうので困っているの。何とかならないかしら。PCが1台遊んでいるから自由に使っていいわ」

設計手法やプログラミングを学ぶ目的は何か

我々ITの技術者が設計手法やプログラミングを学ぶ目的は、お客さん、つまりシステムの発注者、利用者の業務上の困りごとを解決すること。筆者はこう考える。プログラムを作るのは確かに楽しいがそれが目的となるのは趣味としてのプログラミングではないだろうか。

若奥さんを助けられないなら、設計手法やプログラミングを学んだ意味がなかったことにならないか。

若奥さんを助けるにはまず、普段どういう手順で花屋の仕事をしているのかをヒアリングして現状業務の問題を洗い出し、あるべき姿を考え、現状とのギャップを整理する。ギャップを埋める新たな業務を設計し、説明する。若奥さんの了解を得てからシステムを開発し、それを使って業務をこなし、問題を解決してもらう。

問題やギャップを分析していくと、本当の困りごとがどこにあるのか分かってくる。ここまでを問題領域と呼ぶ。改善策となる新たな業務を設計し、解決へ向かう。こちらを解決領域という。必ず一度分析し、抽象化してから解決策を考える。現実の問題から直接、解決策を考えたくなるかもしれないが、問題を裏返しただけの対症療法になりがちだし、解決領域のシステムをつくれない。図にすると次の流れになる。

図　問題解決への道筋

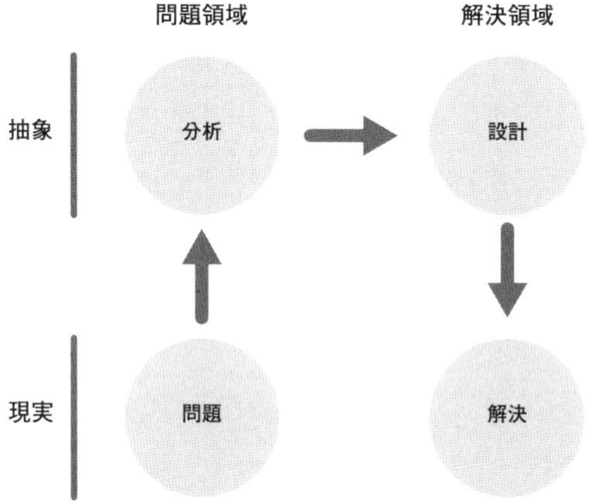

出所：筆者

データモデリングの「TM（T字形ER手法）」を考案したエス・ディ・アイ代表の佐藤正美氏は「事業過程と管理過程」と言っているが同じ趣旨である。佐藤氏に話を聞いたところ、「その企業が何を管理したいのか、という視点からデータを集める」と分かりやすく解説してくれた。

業務を分析し、設計するのは奥深く、しかも面白い。にもかかわらず業務のことは苦手という技術者にしばしば出会う。面白さをどうしたら分かってもらえるだろうかと考えて作ったのが今回紹介している「花束問題」である。簡単にまとめると次のようになる。

（1）花屋さんがWebショップを開設した
（2）順調に受注があるのに利益が伸びていない
（3）廃棄する花が多いためだろう
（4）効率的に仕入れ、販売できる業務システムを構築してほしいこの設定をできる限り解釈の余地が少なくなるように、ユーザー要件として文書にまとめた。まず「事業と問題の概要」と題して次のように書いた。

「当初は受注も少なく手作業で管理できていたが、受注が増えるにつれシステム化の必要性が出てきた。『新鮮な花を大切な記念日に』を売り文句にしていることもあって、廃棄される在庫が多く、受注の増加にともなって利益が伸びていないため」

簡単に見えるが実は難しい花束問題

花束問題は、筆者とIT勉強宴会理事でディービーコンセプト代表の渡辺幸三氏の2人で作ったもので問題のレベルを次のように設定している。

・IT技術者としてちょっと自信を持っているなら一読して「簡単だ」と思える。
・ところが業務を設計した経験がないと、どこから手を付けていいか分かりにくい

花束問題を公表してからIT勉強宴会のメンバーと会話してみた。こちらが想定した通り、在庫管理システムに携わったことがない若手からは「どこから手を付けてよいか分からない」という声が多かった。色々なシステムの主にプログラムを作ってきた中堅技術者は「自分ならできる」と感じて設計を始めてみたが「途中からどう扱えばよいか分からなくなった」と語っていた。

中堅の技術者ならこの問題について議論ができるようになってようやくスタートラインに立てたと考えてほしい。皆さんが所属する情報システム部門、開発会社の中でスタートラインに立っている技術者は何人いるだろうか。

花束問題を考えるポイント

業務設計に正解はない。どこをポイントと見るかによって千差万別の解決策が出てくる。以下で、花束問題の業務設計のポイントを解説する。目的が「効率的な仕入れ・販売を支援する業務システム」と書いてあるので、発注画面、仕入画面、受注画面、出荷（売上）画面が必要なことはすぐわかるはず。初級技術者であれば、次のようなことをユーザーに説明しヒアリングできるかを考えてほしい。

＜仕入れ＞

・発注データと仕入データを1つにするか分けるか
・納期管理をどう行うか（カムアップシステムが必要か）
・最低発注ロットと発注単位の考え方
・仕入検品の方法と仕組み

＜販売＞

・受注データと売上データを1つにするか分けるか
・どのロットを出荷したのかをどう管理するのか
・売上計上基準（出荷・検収）によってどういう仕掛けが必要か
・値引きがあるとき、販売統計は値引きを控除するか、値引き品目を作るか（値引きを控除するなら伝票単位か明細単位か）
・与信限度額をどのように管理するか

＜会計＞

・在庫金額評価方法をどうするか（移動平均法、最終仕入原価法、先入先出法）
・財務会計への連携方式とタイミング

これらは業務設計に当たって知っておかなければならない基本中の基本だが、花束問題の回答としてどれを捨ててどれを採用するかも判断のポイントである。

『販売管理システムで学ぶモデリング講座』（渡辺幸三、翔泳社、2020）によると卸業の販売管理の「会計３要素」は「売上」「仕入」に加えて「受払（うけばらい）」が挙がっている。受払とは在庫の入出庫のことであり、「受け」が入庫、「払い」が出庫の意味である。この3要素を意識してモデルを読むと理解が深まる。

図　販売管理の3要素

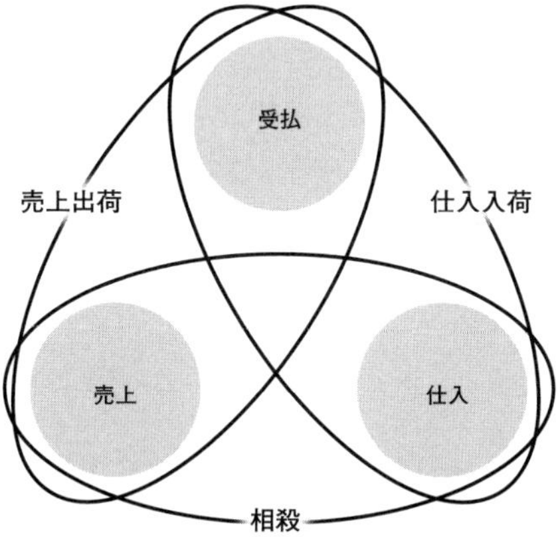

出所：「販売管理システムで学ぶモデリング講座」（渡辺幸三、翔泳社）

この例題について言うと、仕入れは花の「単品」であり、受注はそれを複数まとめた「花束」であることに気付くかどうかが最初のポイントである。それに加えて花というものは萎れると売り物にならないという性質がある。それをどう管理するかが最大のポイントである。

問題の全文をIT勉強宴会のサイトで公開している。「花束問題(V1.2)」で検索いただければすぐ見つかる。興味のある方はご確認いただきたい。

ノーコード/ローコード開発の認知度向上や活用促進を担う団体であ

るローコード開発コミュニティ（旧・超高速開発コミュニティ）に花束問題を取り上げてもらったことがある。「同じ業務をおのおののローコード開発ツールで実装、結果をお見せします！」というイベントが開かれ、盛況だった。

各種のローコード開発ツールを使って花束問題を解くためのモデルやシステムが実装され、コミュニティーの会員に無料で公開されている。その活動については「ローコード開発リファレンスモデル分科会 活動報告ブログ」で検索して、見ていただきたい。

業務設計に挑戦しよう

最近ではローコード開発ツールの進化が著しく、業務設計をしてモデルを入力するとそのまま画面が立ち上がる動的制御ツールも増えている。まさに「動的な仕様書」である。業務システムをだれかの設計に基づいてコーディングするだけの人材はまもなく不要になってしまうだろう。Salesforceなどのクラウドサービスの利用がさらに広がればインフラ技術者の仕事も少なくなる。

図　業務システムで必要なこと

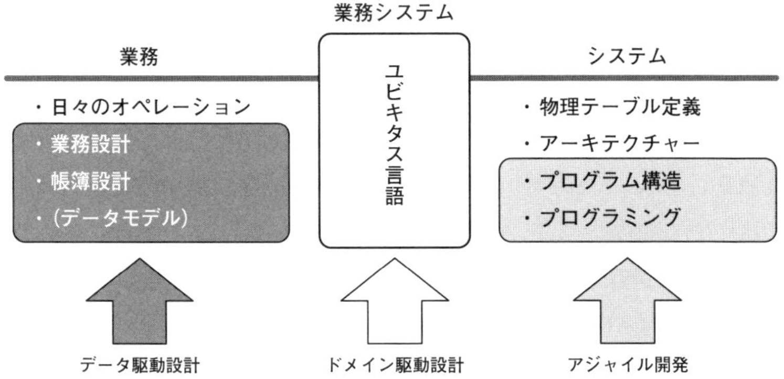

出所：筆者

業務設計の重要性はさらに高まる。積極的に業務設計に挑戦し、「そういう業務でしたらこうすれば良くなるのでは」と提案してはどうだろうか。「何を作ってほしいか言ってもらえればどんなプログラムでも作ります」という姿勢ではいずれ価値を生めなくなる。図の右側のシステムばかりやっていた技術者は左側の業務にも興味を持ち勉強する必要がある。

すべての業務処理は最終的に会計処理につながる。したがって帳簿組織を意識した設計（帳簿設計）にも必要最低限の会計帳簿の知識が求められる。データに着目して業務と帳簿を設計することを総称し、「データ駆動設計」と筆者は呼んでいる。

業務を設計し、花束問題を解くために「モデルを作ってみる」ことを強くお勧めする。モデルを描いていくと業務のつながりが見えてくる。プロが作ったモデルを読んで業務を学ぶこともできる。ドメイン駆動設計（DDD）の信奉者であれば「ユビキタス言語とはモデルのことだ」と認識し、自らドメインエキスパートになることを意識してほしい。

先に述べた通り、現実の問題をいったん抽象化し、何らかのモデルに描くことが重要で、手法にはこだわる必要はない。図に「データモデル」と書いたが別のモデルでもかまわない。

業務を紐解き、モデルを描くとはどういうことか、それを実感してもらうため、先述の花束問題を想定しつつ、在庫管理を例に話を進める。

在庫管理は需給調整と言い換えられる。物を作ったり仕入れたり売ったりする際、必ず相手がいる。需要と供給はなかなか一致しないから、例えば花屋がリスクを負って在庫を抱えたり、仕入れのタイミングを調整したりする。つまり数量や時間を管理する必要がある。

「バラをください」と頼んだら「今から種を植えるので来年までお待ちください」と答える花屋があったらすぐ潰れるだろう。逆に1000通りのバラの花束を常時保管している花屋も廃棄が多くて潰れるだろう。

つまり在庫を完成品（花束）で持つのか、材料（バラ）で持つのか、原材料（種）で持つのかによって、管理の仕方や業務が変わってくる。これらはビジネスモデルの違いに基づく。図に示すように売れる量を見込んで完成品を仕入れる在庫販売、受注に応じて材料から完成品をつくる受注生産などがある。

受注生産の流れは①受注、②組み立て指示、③組み立て作業、④出荷準備、⑤出荷となる。花屋はかなり複雑な受注生産であり、店頭販売あるいは納期が近いときは自社の花在庫から花束を組み立てる。納期がある程度先の受注の場合、納期に間に合うタイミングで花を発注し、届いてから花束に組み立てる。

図　ビジネスモデルの違い

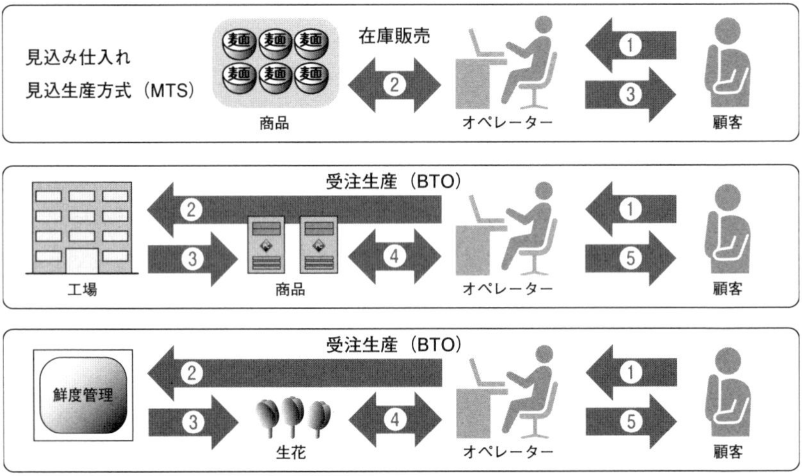

出所：筆者

発注してから入荷するまでの日数を発注LT（リードタイム）と呼ぶ。入荷予定日は通常、発注時に花卸から知らされる。花の種類ごとに発注LTは異なる。卸市場に自ら出かけて仕入れる花屋さんも多いがその場合、発注LTはゼロ日である。

在庫管理は数量と時間を管理することだと述べた。時間の一例が発注LTになる。基本的なやり方を図にまとめた。

図　在庫引き当ての考え方

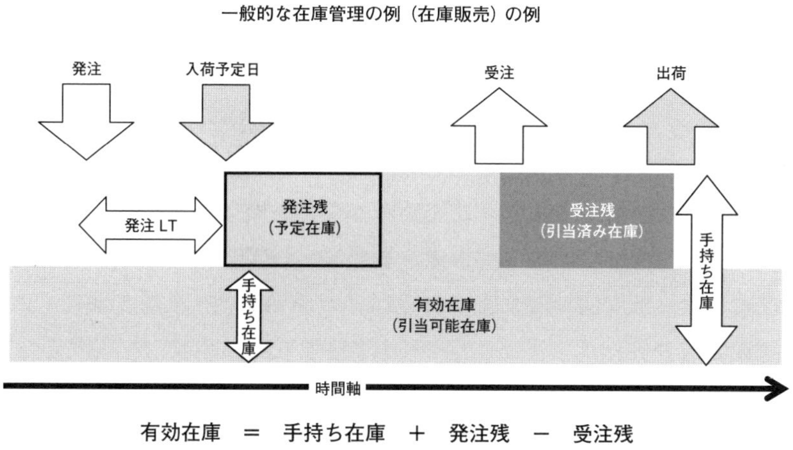

<引当処理の留意点>
・発注残を引き当てるか？現物在庫しか引き当てしない企業も多い
・いつの出荷分まで引き当ての対象とするのか？（1年先出荷は？）
・先出荷の時、いつの在庫を引き当てるのか？（現物在庫から引き当てると直近の受注が在庫切れとなる）
・自動引き当てしたものの調整・変更を行う時のルールは？

出所：筆者

現在の在庫の数量を見ているだけでは受注してよいかどうかを判断できない。バラの在庫が10本あったとしても別の受注で既に出荷する予定になっている可能性がある。これが引当済み（ひきあてずみ）在庫（受注残）である。受注可能な有効在庫は現在庫から引当済在庫（受注残）を引いた残りになる。

図中の発注残（予定在庫）は「予定通り入荷すれば販売できる数量」である。その不確定な在庫まで受注予約を許すか否かは企業によって差がある。国内の生産予定は受注受付するが海外の生産予定は受注しないというやり方もある。輸送事故や入管リスクによって入庫できなくなる可能性があるからだ。

ざっと見ていただいた通り、在庫管理はかなり複雑で、しかもお客様のビジネスモデルごとに違いがある。文章で書かれた要件定義書あるいは在庫管理の教科書だけで学び、理解するのは難しい。そこでモデルの出番である。

参加者の目の前でモデルを描く

実際に、筆者が理事長を務めるNPO法人 IT勉強宴会の会合に、尊敬する設計者や技術者を招き、花束問題を解くためのモデルを設計してもらい、場合によっては動くシステムまで実装してもらった。

在庫管理に正攻法で取り組んでくれたのが元データ総研で現在イントリーグの石井健作氏である。第40回IT勉強宴会に登壇、花束問題の要件からモデルをどういう手順で作成するかを詳細に解説し、THデータモデルで描いてくれた。TH（Tsubaki-Hotaka）データモデルはデータ総研創業者の椿正明氏と筑波大学教授で法務省CIO補佐官まで務めた故穂鷹良介氏が開発した表記法である。

THデータモデルを使って、データ総研の堀越雅朗氏が勉強宴会に出席するために大阪まで来られた際、「新幹線の中でさくっと作ってみた」モデルを掲載する。IT勉強宴会で花束問題のために設計してもらった中で一番詳細な管理ができるモデルになっている。

THモデルの本にもこれだけ分かりやすい在庫管理の分析テクニックはなかったので筆者がデータモデル作成ツール「THモデラー」のフリー版で描き、共有できるようにしたものだ。

ネット上に石井氏の講演動画も公開している。動画の36分辺りからデータ総研の堀越雅朗氏がTHデータモデルを使って在庫をどう整理するかの手順を説明している。よければ「第40回03　THデータモデルで花束問題」で検索してこちらもご覧になってほしい。

図　在庫管理をモデルで表現した例

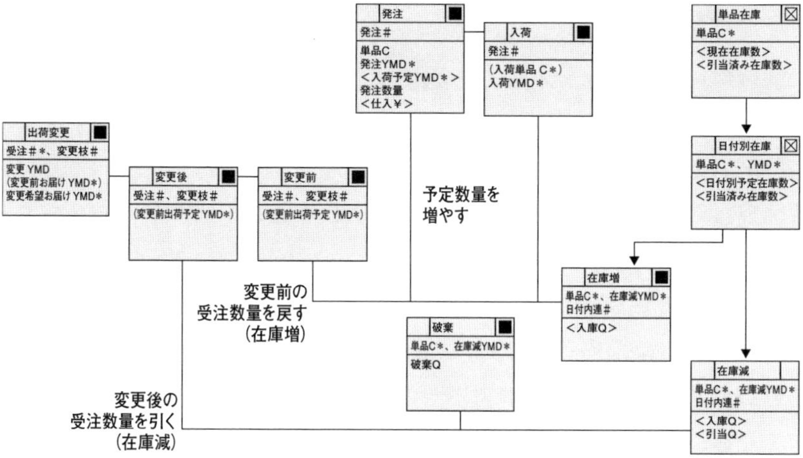

出所：第 40 回 IT 勉強宴会での堀越雅朗氏の発表から筆者作成

右上に「単品在庫」がありその下に「日付別在庫」がある。「日付別在庫」を集計したものが「単品在庫」になるがTHデータモデルでは「単品在庫 → 日付別在庫」と矢印を引く。

詳細な日付別在庫を更新するトランザクションとして、「在庫増」というエンティティーと「在庫減」というエンティティーを用意する。在庫をプラスに更新する業務とマイナスに更新する業務を分けて整理する手法は大変参考になる。

「在庫増」の先を見ると分かるように、発注があれば予定数量を更新し、入荷すれば本日日付の在庫を更新する。「出荷変更」エンティティーは一度引き当てた受注の出荷希望日付を変更するために使う。

THデータモデルは概念データモデルとも呼ばれる。あくまで業務を可視化し、整理するための手法と考えてよい。椿氏は「実装独立」と宣言していた。「在庫増」や「在庫減」をシステムに実装するかどうか、あるいはどう実装するか、といったことは問われない。

プロが描いたモデルから学ぶ

製造業のコンサルティングを得意とするHOIPOIの古関雄介氏は複雑な花束問題をカレンダーマスターも含めて、たった10のエンティティー(50個の属性)からなるモデルに整理し、動く画面まで実装してくれた。古関氏は勉強宴会仲間の中では若手だが、TALONというローコード開発ツールを開発し、2014年に起業した。古関氏の第44回IT勉強宴会での発表は動画で公開しているので、よければご覧になってほしい。

業務設計には担当者へのヒアリングが欠かせない。筆者は初めての業務分野で設計をする際、事前にその業務の本を2～3冊買い、一通り読んでから、業務の担当者にヒアリングしている。本の知識だけでは足りないが少なくとも質問はできるようになるし、本に出ていなかった単語が出た時にその場で尋ねることができる。7～8割を知っているなら残りの2～3割について聞けるが、ほとんど知らなかったら小さい子供のように逐一質問をしなければならなくなる。

技術者「お花はどこから買われていますか」
花　屋「カキ卸から仕入れています」
技術者「食べる柿ですか？」
花　屋「花卉（かき）卸、観賞用の花の問屋です」
技術者「仕入れとは何ですか」
花　屋「え？売上原価のことですが・・」
技術者「売上原価って何ですか」

厄介なのは同じ「在庫」という単語でも相手によってしばしば意味が違うことである。システム開発者側にいると似た業務システムの設計や開発を何度か経験できるが、かえって早飲み込みしてしまう危険がある。ヒアリングをしていて「何か話が通じていないな」と感じた時は素直に確認することが大切である。

時折見かけるが、技術力に自信を持っている技術者で「知らないことは恥ずかしい」と勘違いし、知ったかぶりをする人がいる。勝手な理解で間違った業務システムを作ってはいけない。

経験を積み、業務知識を蓄えていくためにもモデルは欠かせない。個別の詳細な業務要件は冒頭に書いた「現実」でしかない。それを「抽象」の世界で分析し、モデルにまとめれば、そのモデルは現場の担当者やIT技術者との間の共通言語になる。ほかのプロが書いたさまざまなモデルを読み取るのは簡単ではないが勉強になる。

公開しているモデルから読者または読者の部下の若手設計者が何か1つでも得てもらえればIT勉強宴会に参加した技術者が無償で設計、実装に取り組み、結果を公開してくれた意味がある。ぜひ活用してほしい。

第2章

本当は怖い「プログラミングの学び過ぎ」、実装オジサンを避ける必須知識はこれだ

渡辺 幸三
IT 勉強宴会理事

第2章で示す勘所

・「技術親和性」が意外な陥穽（かんせい）になり得る

・「エンタープライズシステム」の世界はまさに「ソフトウエアの適用分野」の1つだ。そしてこの分野の専門性には、簿記を含む豊富な業務知識、そしてあいまいな要望を具体的な設計仕様に落とし込むためのスキルなどが含まれる

・3種類のプログラミング言語を習得すれば、それ以降は勘が働くようになる。4番目以降の言語については業務上の必要が生じたときにおっとり刀で学べばいい

・創造的なソフトウエアというものは、専門家による構想と、その分野の専門性を一定以上持つ開発者の技能とが融合して初めて生み出される

・コーディング主体の開発態勢を捨て、書くべきコードの量が10分の1になるくらいの開発基盤を導入すれば、適用分野の専門性を身に付ける余裕が生まれる

プログラミングをはじめとする実装技術を学ぶのは実に楽しい。それまで使えなかった技術を使えるようになる喜びは何物にも代えがたい。筆者は50代のプログラマーである。これまでの経験を振り返ると、自分の道具箱の中身が充実していく実感はソフトウエア開発者としての職業人生がもたらす至福の1つだと言い切れる。

本書の読者の大半はソフトウエア開発に携わる技術者だろうから、実装技術を学ぶ大切さや楽しさはよく分かっていると思う。ただし皆さんは自分のそういった「技術親和性」が意外な陥穽（かんせい）になり得ると気付いているだろうか。技術親和性は技術者にとって無条件に良いものとみなされているためか、それがもたらす負の側面はほとんど語られることがない。

実装技術の学び過ぎがもたらすある種のリスクについて、今のうちに知っておいたほうがいい。何のためか。ソフトウエア開発という魅力的な仕事を、50代、60代になっても誇りを持って楽しみ続けるためだ。

「実装オジサン」の厳しい現実

「ずっとプログラミングだけに関わっていたい」と望む若手技術者は多い。その多くは他人と丁々発止のやりとりをするよりも、独りでコードに静かに向き合うのを好む誠実な人々である。実際、人付き合いに苦手意識があったゆえにこの世界を選んだと語る技術者は少なくない。対人能力や身体上の制約があっても適性さえあれば活躍できる。それはソフトウエア業界が誇っていいことである。

しかし本当に残念ではあるのだが、プログラミングだけで満足に活躍できるのはせいぜい30代前半までと考えたほうがいい。40歳を超えたら、まず新しい技術を学ぶ能力が若手にかなわなくなる。若いころはあれほど自主的に楽しんでいた技術の学びが強制にしか感じられなくなる。老眼も始まる年齢で若手と伍（ご）しつつ、学習に必要な理解力や意欲を維持するのは容易ではない。

もっと厄介な問題が他のプロジェクトメンバーや同僚との関係だ。若いメンバーに対して年長であることの価値を示さねばならない。それができないとしたら馬齢を重ねただけの「実装オジサン」として煙たがられかねない。そもそも年長であるだけでプロジェクトにお呼びがかかりにくくなるという現実もある。

結局のところ、「ずっとプログラミングだけに関わっていたい」といったナイーブな望みは良くも悪くも「若者だけに似合う服装」のようなものだ。それが似合わなくなる年齢に誰もがいつかは達する。

米国には60～70代の現役プログラマーがいるとよくいわれる。日本においても70歳に近いプログラマーが筆者の身近で活躍しており、IT勉強宴会のメンバーにもなっている。日本で高い給与を得て周囲からリスペクトされている年配プログラマーには共通点がある。年長であることの価値をプロジェクトに提供できているのだ。

「年長であることの価値」とは何か。これはもう明らかで「ソフトウエアに関する豊富な知見」、そして、それらと統合された「ソフトウエアの適用分野に関する豊富な知見」である。

例を挙げよう。読者の多くがすんでいるはずの「エンタープライズシステム」の世界はまさに「ソフトウエアの適用分野」の1つだ。そしてこの分野の専門性には、簿記を含む豊富な業務知識、そしてあいまいな要望を具体的な設計仕様に落とし込むためのスキルなどが含まれる。

それらの知見を有する開発者であれば本書で紹介した「花束問題」など軽々とモデリングして実装できる（第1章「若奥さんを助けるための『花束問題』、これが解けたら立派な中堅技術者だ」参照）。それくらいの実力がなければ、年配プログラマーがプロジェクトで重用されるのは難しいということでもある。

適用分野に関する豊富な知見は「結晶性知能」であり、年齢にともなって劣化するどころか厚みが増してゆく。一方、実装技術を含めて新しいことを身に付ける力は「流動性知能」であり、若手ほど旺盛である。したがって我々がこだわりがちな実装技術を生かすためにこそ、ソフトウエアの適用分野について意識的に学び続ける必要がある。

「適用分野の選択」から始まる開発者の成熟

2011年8月20日、最初のWebブラウザーであるMosaicを開発したエンジニアであり、現在はベンチャーキャピタリストとして知られるマーク・アンドリーセン氏が米ウォール・ストリート・ジャーナル紙に寄稿した記事、“Why Software Is Eating The World”が「ソフトウエアが世界を食らう」という印象的な表現で話題になった。さまざまな経済領域がソフトウエアにのみ込まれつつあるという指摘である。確かに、どんな職業に就くにせよ、これからは直接的・間接的にコンピューターやネットワークとの関わり抜きではやっていけなくなるだろう。

では、ソフトウエアの作り手にとってその世界はどんなものか。「さまざまな領域のソフトウエアを開発できるので、食いっぱぐれなしだ」と喜んでいられるのだろうか。例えば、先月までは小型衛星に搭載される姿勢制御用ソフトを開発していたが、今月は広告業界大手向けのビッグデータ分析用ソフトを開発しているし、来月からはオンラインゲームの開発が始まる。そんな稼ぎ方はあり得るのだろうか。よほどの逸材なら可能だろうが、大多数には不可能だろう。

どんな分野で利用されるソフトウエアであっても、開発したのはその分野に関する専門性を有する開発者であることを忘れてはいけない。そして、それぞれの専門性は一朝一夕には身に付かない。新しいプログラミング言語やフレームワークを身に付けるよりも桁違いに手間暇がかかる。初歩レベルに達するだけでも数年は必要だ。企業によっては中堅の情報システム部員を1年ほど事業部門に貸し出し、業務経験を積ませる制度がある。業務の専門性が重要だと意識しているゆえだろう。

適用分野を限定することには、その分野で必要とされる実装技術を絞り込めるという短期的な利点もある。興味にまかせて漫然と学び続けるやり方では、その過程は楽しいかもしれないが、現役時代の貴重な時間が奪われていくだけだ。

実際問題として、例えば3種類のプログラミング言語を習得すれば、それ以降は勘が働くようになる。4番目以降の言語については業務上の必要が生じたときにおっとり刀で学べばいい。身に付けた技術の数を自慢しても意味はない。開発実務でどれだけ役に立ったか、適用分野の専門性といかに統合されているかが問われている。

実装に必要な技術を学ぶのが重要でないと言っているのではない。要はバランスと効率である。例えるなら分野別の専門性は「その領域で戦うための土地勘」であり、実装技術は「その領域で戦うためにあつらえた武器」である。どちらも欠かせない要素ではあるが、図のように学習のターゲットは絞れる。

図 「適用分野の専門性」と「厳選された実装技術」の組み合わせに集中する

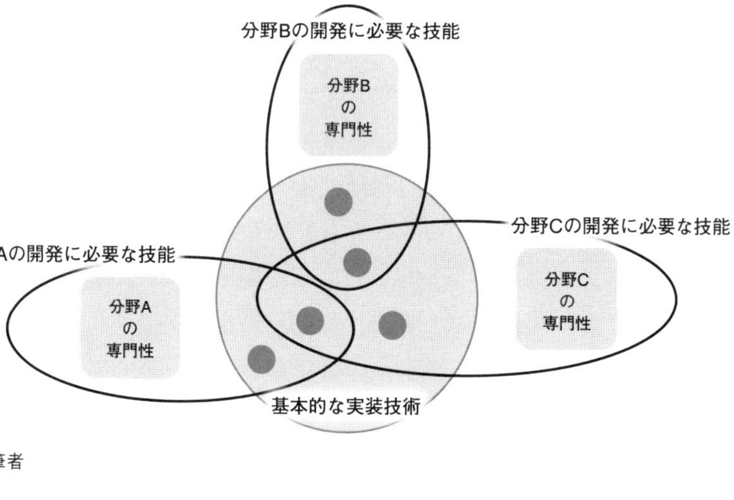

出所：筆者

そういうわけで、いずれかの適用分野を選んでその分野の専門性を深めていくと決意することが、ソフトウエア開発者としての成熟の始まりである。自らが選んだ適用分野の専門性があってこそ、ソフトウエア開発という創造的な仕事を一生楽しめる。そして成熟度合いに見合った対価を得られるはずだ。

どんな適用分野であっても、その分野の専門性が欠けていれば「他人が書いた仕様書にしたがってプログラミングする立場」から逃れられない。そういった稼ぎ方が間違っているとまでは言わないが、仕様の変化や表現の巧拙に振り回されるし、給与が大幅に増えることも期待できない。技術の発展によって、役回りそのものが機械化されるリスクもある。

適用分野がアプリオリに存在しているわけではない点に注意してほしい。筆者の知る有能な技術者の何人かは、独自のニッチ分野で堅実に稼いでいる。稼げる分野は工夫次第で生み出せると考えたほうがいい。「エンタープライズシステム」はキャッシュリッチで魅力的な適用分野ではあるが、こだわる必要はない。

言うまでもなく特定分野にコミットすれば、その栄枯盛衰に振り回されるリスクがある。この点については自分の相場観にかけるしかない。人生は選択肢が年々減っていく過程でもあるのだから、選択しないこと自体がリスクだ。自分の嗜好と適性と相場観を総動員し、自分が一生を懸けるに足る適用分野を30歳までに選び、その分野の専門性を身に付けていってほしい。

適用分野の専門性について他人をアテにしてはいけない

この辺りに関して筆者が懸念しているのが、昨今のドメイン駆動設計（DDD）の盛り上がりである。エリック・エヴァンスが提唱したDDDはもともと、「適用分野に関する知識」を対象のソフトウエアに組み込むための、モデリングを核とする汎用的な枠組みだった。言ってみれば当たり前の指摘ではあったのだが、実装技術ばかりに注目しがちな技術者に良いアドバイスになると筆者も共感したものだ。

ところが日本におけるDDDは、いつの間にか「オブジェクト指向プログラミングの現代的なスタイル」とみなされてしまう。その過程で「適用分野に関する知識」の重要性は、そういった知見を持つ「ドメインエキスパート」との協働の必要性にすり替えられた。

適用分野の専門性がなくても、それを有する専門家と協働すれば良いソフトウエアが出来上がる―― こう考えているとしたら幻想である。創造的なソフトウエアというものは、専門家による構想と、その分野の専門性を一定以上持つ開発者の技能とが融合して初めて生み出される。

なぜなら専門家の構想はたいていあいまいで不定形で、場合によっては的外れだったりするからだ。これをまとまりのあるソフトウエアとして仕上げていくには、開発者にもその分野に関する一定以上の専門性が欠かせない。

もし、「適用分野に関する専門性は自分以外の誰かによって供給される。自分は実装技術を究めればいい」と考えるようになるなら、それは歪曲（わいきょく）されたDDDであり、学びは害悪でしかない。プロダクトオーナーが持つ専門性をあてにしているという意味では、アジャイル手法の一種であるスクラムにも同様の危うさがある。

学びの時間を捻出できない理由

「適用分野の専門性を身に付けることの必要性は分かったが、時間の余裕がない。学ぶべき技術要素が多すぎて、適用分野に関する学びを二の次にせざるを得ない」。そんな嘆きが聞こえてきそうだ。

この問題は根が深いので、じっくり見定める必要がある。まず、業務システム開発の世界でここ数十年の間に何が起こったかを振り返らねばならない。「はじめに」で佐野初夫氏が指摘したように、1990代後半から2000年代前半にかけて「オープン化」の波がやってきた。

その結果、システムを作り上げて運用するために必要な知識のスタック（積み上げ）が急に増えた。ネットワークやセキュリティーやサービス指向、オブジェクト指向など挙げればきりがない。

もちろんそれ以前も実装に必要な要素技術の学びは必要だったが、新人でも数年で身に付く量で、一通り学んだ後は技術の発展に応じて補完・調整するといったペースで済んでいた。その段階に至れば、適用分野そのものについての学びを開始できた。

模式化すると、かつては図の左のように学びが進行した。ところが、現代では図の右に示すように、実装上の技術要素に関する学びはいつまでたっても終わらない。ギリシャ神話に出てくる「シーシュポスの岩運び」のような状況が生まれている。

図　実装技術の学びに時間がとられ過ぎるようになった

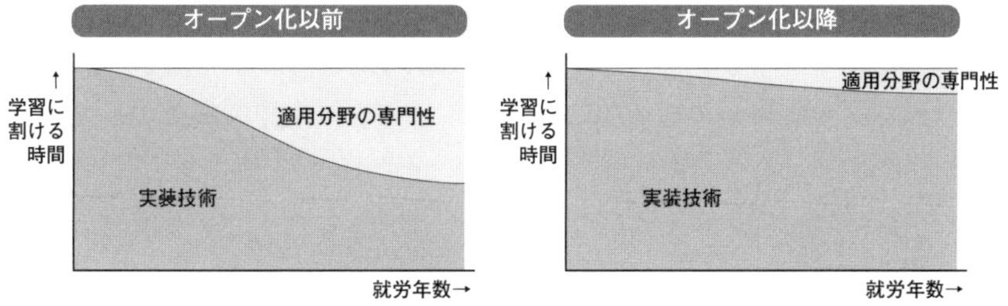

出所：筆者

実装過程の合理化に今すぐ取りかかろう

絶望的に思えるかもしれないが、希望は我々自身の職能の中にある。自分がソフトウエア開発者であることを思い出してほしい。ソフトウエアは作業を合理化するための決定的手段の1つで、ソフトウエア開発そのものがソフトウエアの発展にともなって合理化され続けてきた。言語の高級化やコンテナ化といったさまざまな手段を用いて、不断に進行し続けている。そのプラクティスを我々自身の開発業務に適用すればいい。

要するにコーディング主体の開発態勢を捨て、書くべきコードの量が10分の1になるくらいの開発基盤を導入すれば、適用分野の専門性を身に付ける余裕が生まれる。新しい開発基盤を学ぶ手間もかかるので、これくらい思い切った効率化が必要だ。

筆者自身のことを言えば、個々の案件をいちいちオブジェクト指向で開発する不合理に気付いて、ローコード開発基盤をJavaで自作した。書いた仕様書がそのままアプリケーションとして動作するので、データモデルやロジックの妥当性を一瞬で検証できる。システム開発のボトルネックが「実装」ではなく「仕様策定」にあることが今ではよく分かる。

ところが、こういった合理化には2つの障壁が立ちはだかっている。第1の障壁はシステム開発業界における「工数主義」である。見積もられた工数が大きいほどもうかるビジネスモデルが確立されているため、工数を減らす工夫は業界にとって脅威とみなされる。

実際、「若年層の失業対策のためにある業界」と一部から皮肉られるほどに巨大なエコシステムが形成されており、「設計専任要員」と「実装専任要員」との不自然な分業がなされていることすらある。「実行可能な仕様書」などが導入されたら、設計も実装も担える少数精鋭だけでプロジェクトが賄えるようになる。そうなれば「実装できない設計専任要員」と「設計できない実装専任要員」の多くが仕事にあぶれる。そんな変化を業界が簡単に受け入れるわけがない。

しかし、無駄に大きな工数を了とする商売のスタイルは、システムを発注する顧客企業へのしわ寄せによって成立している。是正するための業界努力はあっていいし、あるべきだ。そもそも我々は企業の業務プロセスを合理化するプロである。我々自身の開発業務が合理化できていないようであれば顧客に信頼されるわけがない。英語を使えないセールス担当者が英語教材を売っているようなものだ。業界の合理化に対する反発とは正々堂々と戦えばいい。

2番目の障壁は冒頭で述べた、我々自身の「技術親和性」にある。技術の学びと同様に、我々はプログラミングをこよなく愛する人種である。プログラミングは機械を自分の思う通りに動かせる支配欲を満たす魅惑的な営みだ。ゆえにプログラミングの機会が奪われるような変化に対して、我々は本能的な反感を持つ。この特殊な性格の傾向を自覚して、コントロールする必要がある。逆説的であるが、プログラミングのスキルはプログラミングの手間を減らすためにこそ行使しようではないか。

ソフトウエア開発の仕事を末永く楽しむためにこそ

本章で伝えたかったことを繰り返す。ソフトウエア開発の仕事を末長く楽しむには「プログラミング言語などの実装技術」と「ソフトウエアの適用分野に関する専門性」をバランス良く、かつ効率的に身に付ける必要がある。肝心なのは、適用分野を主体的に選択すること、その分野について学ぶ余裕を確保するために実装態勢の合理化を図ることである。

次章ではエンタープライズシステムの領域における専門性について検討する。専門性の構成要素を説明するとともに、実装技術に統合される意味と過程について記す。

第3章

顧客の要件があいまいすぎる？プロは嘆く前に「専門性」を磨く

渡辺 幸三
IT勉強宴会理事

第3章で示す勘所

- 「簿記を含む多業種向けの業務知識」「システム要件を具体的な設計仕様に落とし込むスキル」「システム開発に最適化された実装スキル」、これら3点が企業情報システムの専門性だ

- 優れた業務システムは「優れたアプリケーション構成」ではなく「優れたデータベース構成（データモデル）」を基礎としている。「優れた業務体制（業務の連係様式）」はそれらが積み上がった最上位の果実である

- DOA（データ中心アプローチ）では、顧客の要望と現行システムの仕様から「あるべきデータベース構造」を確立することを優先する。この過程がデータモデリングである

- DXを狙う全面刷新プロジェクトにおいては、顧客にとって思いもよらなかった「革新的なデータベース構造」が創案され、そこから「革新的な業務フロー、処理ロジック、UI」が導かれなければならない

- 「アジャイル開発手法」をいきなり実装することだと解釈するのであれば、広域のデータモデリングを先行させる筆者の手法のほうが堅実かつ効率的だ。「急がば回れ」である

子供から突然『犬のおまわりさん』をリクエストされたコンサートピアニストが「楽譜がないから弾けません」と言ったらどうだろう。プロの演奏家として頼りない気がしないだろうか。

「顧客の要望があいまい過ぎて困る。なにしろ柱の場所も鉄筋の数も断言してくれない」。高層ビルの設計を依頼された建築家がこのように嘆いていたらどうだろう。具体的かつ詳細な仕様の提示を顧客に求め、要望された通りにビルを建てようとする建築家がいたら、頼りないどころか怖くないだろうか。

情報システムの世界も同様だ。例えば、在庫管理や受発注管理といった基本的な設計課題であれば、楽譜なしで『犬のおまわりさん』を弾くように手早く仕様化する。要望があいまいであっても、経験に基づいて適切に補完しつつ、顧客が喜ぶシステムを設計して完成させる。それくらいの実力がなければ、高度専門職として顧客から信頼されることはないだろう。

そのためには「ソフトウエアの適用分野に関する専門性（土地勘）」と「プログラミング言語やフレームワークなどの実装技術（適用分野向けにあつらえた道具立て）」の両方をバランス良く、かつ効率的に身に付けなければならない。

そして、専門性を獲得するための時間を捻出するには、実装技術の合理化が欠かせない。前章「本当は怖い『プログラミングの学び過ぎ』、実装オジサンを避ける必須知識はこれだ」でこう説明した。

ではソフトウエアの適用分野固有の専門性とは何だろう。本章ではこのことを説明したい。

エンタープライズシステムにおける専門性は3点ある

読者の多くは「エンタープライズシステム」という「ソフトウエアの適用分野」に関わっていると思うので、そこでの専門性が何であるかを確認しておこう。「簿記を含む多業種向けの業務知識」「システム要件を具体的な設計仕様に落とし込むスキル」「システム開発に最適化された実装スキル」、これら3点がエンタープライズシステムでの専門性だと筆者は考える。

図　エンタープライズシステムでの専門性

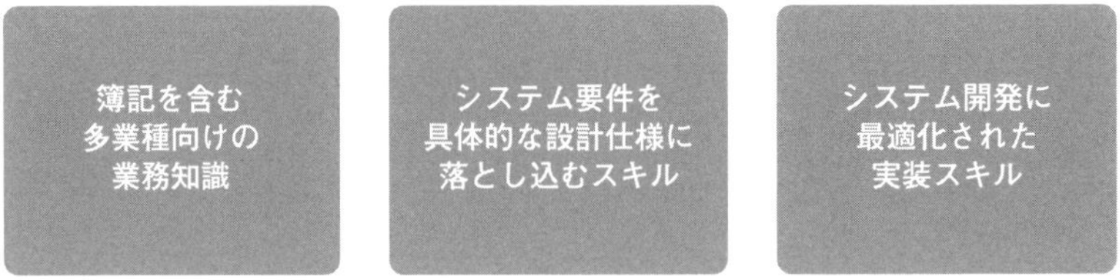

出所：筆者

さまざまな業種・業務の組織によって利用されるからには、まずは業務知識が求められる。すべての業務知識を学ぶことはできないが、なるべく多くの業種・業務向けの案件を経験することをお勧めしたい。多く知るほど、他の業種向けの知識も学びやすくなる。

業務知識を効率よく学ぶ鍵はなんといっても簿記である。エンタープライズシステムは企業会計と連係するので、仕訳や決算に関わる知識はすべての業種で必要となるし、知らない業種向けの学びを始めるための基準線になってくれる。開発者がシステムの発注者である顧客にヒアリングをする際、業種固有の事情を知らなくても案外気にしないが、簿記の用語が通じないとなかなか信頼してもらえない。この意味でも簿記の学びは欠かせない。

2番目に挙げた、システム要件を具体的な設計仕様に落とし込むスキルの核として筆者は「データモデリング」を挙げたい。取り扱うデータを整理し、データモデル（データの論理構造）を組み立てるスキルのことだ。

エンタープライズシステムが扱う業務に関わるデータは想像以上に複

雑である。そうしたデータ構造を整理して様式化するには、関数従属性や定義域制約といったデータモデリングの数学的概念を駆使せざるを得ない。それを身に付けないままでデータベースを作り込めば、いつまでたってもデータの不整合が起こり続けるシステムが出来上がる。金額を扱うシステムではシャレにならない。

そして複雑なデータ構造を扱うシステムそのものが複雑にならざるを得ないため、この分野に特化した実装技術を駆使しなければいけない。これが3番目の専門性だ。ローコード開発ツールのような合理化された実装手段の1つか2つくらいは身に付けて損はない。ローコード開発ツールを使っていれば実装後の細かい修正を利用者自身にやってもらうこともできる。JavaやRubyでコーディングするようなやり方では、変化し続ける経営環境に応えるシステムを適宜リリースできない。生産性が低い上に、書き手によってソフトウエアの品質（可読性、保守性）がぶれ過ぎるからだ。

「業務知識オジサン」になってはいけない

以上の3点は単体として重要であるだけでなく、立体的に「統合」されなければならない。顧客の要望はあいまいで不定形で、しばしば的外れである。そういった断片的な手掛かりから整合的な仕様を具体化するには、開発者自身が豊富な業務知識と多様な開発経験を持っていなければいけないし、開発スキルと統合されていなければならない。

例えば「簿記のデータモデルを描いてください」と言われたとしよう。簿記はデータの入出力を伴う「情報システム」の一種なのでデータモデルを想定できるのだが、いきなり描き出せる開発者は多くない。簿記を理解しているにもかかわらずデータモデルを描けないとしたら、簿記を含む業務知識とシステム要件を設計仕様に落とし込むスキルとが統合されていない可能性が高い。

では簿記のデータモデルが描けたとして、実際に動作するシステムを手早く組み立てられるだろうか。設計できるにもかかわらず自分で実装できないとすれば、仕様に落とし込むスキルと実装スキルとが統合されていない証拠である。

必要とされる知識をかたっぱしから暗記すれば済む話ではない。業務知識を字面で覚えるのではなく、システム開発の文脈で実践的に理解しなければいけない。この過程に失敗すれば、物知りなわりに仕様策定や実装を担えない「業務知識オジサン」でしかない。開発に関わり続けたい技術者であれば、その道は不本意であろう。

カギはデータモデル

多くの開発者が勘違いしているが、優れた業務システムは「優れたアプリケーション構成」ではなく「優れたデータベース構成（データモデル）」を基礎としている。「優れた業務体制（業務の連係様式）」はそれらが積み上がった最上位の果実である。

それゆえ、的確なデータモデルを生み出すことこそが、仕様策定の基礎をなす。気の利いた実装手段を用いれば、確立されたデータモデルに基づいてアプリケーションを組み立てることは今や容易だ。しかし、出来の悪いデータベース構成の上にどんなに気の利いたアプリケーションや業務体制を搭載しても、出来上がるシステムは保守性が悪くデータの整合性さえ維持できないシロモノとなる。

この事実を先見的に明らかにしたのが「DOA（データ中心アプローチ）」だった。複雑なデータ構造を保持できるリレーショナルデータベース（RDB）の登場はエンタープライズシステムの進化に決定的な影響を与えた。RDBの普及と合わせ、その利用技術として発展した設計方法論がDOAである。

DOAでは、顧客の要望と現行システムの仕様から「あるべきデータベース構造」を確立することを優先する。この過程がデータモデリングである。そしてデータベース構造から「あるべき業務フロー、処理ロジック、UI（ユーザーインターフェース）」を導く。

エンタープライズシステムが抱える複雑なデータ要件を、業務知識とDOAのスキルなしで的確なデータベース構成に落とし込むのはほとんど不可能といっていい。昨今UIが重要視されるが、UIは「複雑な形の立体に色々な角度から光を当てて現れるさまざまな影」のようにはかないものだ。「複雑な形の立体」がデータモデルに当たり、それを明確にしないまま、影のあり方を議論しても意味はないし、影をいくつか収集したくらいで立体を逆算できるものでもない。

革新的なシステムを創造するために

業務とシステムを抜本的に見直す際にもDOAは有効である。いわゆるDX（デジタルトランスフォーメーション）で求められるレベルの革新だ。DXを狙う全面刷新プロジェクトにおいては、顧客にとって思いもよらなかった「革新的なデータベース構造」が創案され、そこから「革新的な業務フロー、処理ロジック、UI」が導かれなければならない。

従来のDOAと同様に顧客の要望や現行システム仕様を参照しつつも、さらに「開発者自身の膨大な経験や知識」を投入する必要がある。それらが複雑な化学反応を起こすことで、チームによる創造が生まれるからだ。

図　創造的DOAの成果物フロー

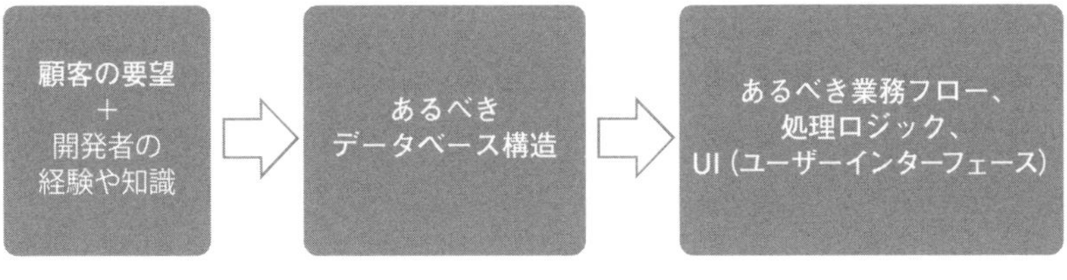

出所：筆者

実際の手順はこうだ。顧客のざっくりとした要望を聞きながら、開発者はデータモデルをその場で描いては消す、ということを繰り返す。異業種でのプラクティスも転用しながら進めていけば、最初のうちは的外れであっても次第に落としどころが分かってくる。そうなったら、業務フローやアプリケーション構成を肉付けし、システム仕様としてまとめる。

こまごましたビジネスロジックについては現行システムを参考にせざるを得ないが、現行システムを仕様策定の起点としてはいけない。現行システムの仕様を重視しすぎると改善はできても、抜本的改革や全面刷新は期待できないからだ。

まとめられたシステム仕様の妥当性を判定できるのは、言うまでもなく顧客である。提示されたシステム仕様によって、抱えている問題を解決できるかどうか、望んでいた全面刷新（トランスフォーメーション）ができそうかどうか。こうした点について顧客は案外容易に評価できる。顧客が語る要望があいまいだったとしても、仕様を評価するために必要な暗黙知や無意識を豊かに持っているからだ。

仕様がある程度固まったら、前章で説明した合理化ツールを用いて手早くプロトタイピングし、旧システムからのデータ移行とユーザーによる試行を繰り返そう。仕様の妥当性やフィージビリティー（実現可能性）がさらに検証され、補強される。ここまでやれたら後はプロトタイプを本番用に仕上げるか、規定の実装手段を使って別途、本番モジュールを完成させたらいい。

以上の進め方を筆者は「創造的DOAに基づくプロトタイピング手法」と位置付け、実務で効果を上げている。「アジャイル開発手法」をいきなり実装することだと解釈するのであれば、広域のデータモデリングを先行させる筆者の手法のほうが堅実かつ効率的だ。「急がば回れ」である。

あえて欠点を挙げるなら開発者によって効率や成果が違ってくるところだが、これはシステム開発が「創造性が求められる高度専門職」である限り避けられない。例えるなら、監督が語るあいまいな要望から効果的な映画音楽を作曲したり、編集者のちょっとしたアイデアから長編小説を創作したりする過程に似ている。誰が担ったかで成果が違ってくるのは自然だし、成果に作者自身の個性や美意識が反映されるのも避けられない。

しかし、そこには「顧客の要望があいまいだから仕様を具体化できない」といった、素人くさい嘆きはない。そもそも、どんなシステムが欲しいかを顧客がはっきり分かっていれば今どきの技術を使って内製できる。顧客がシステム開発の専業者とあえて協業するのは、多様な開発経験を踏まえて効果的なシステム仕様を生み出すと期待しているからだ。

こうした期待に応えるのは簡単ではないが、なによりやりがいがあるし、うまくいったときの喜びも大きい。そのためにも、設計スキルの核となるデータモデリングを身に付けることをお勧めしたい。そしてそのスキルを創造的な営みに発展させるために腰を据えて業務知識を蓄積してほしい。システム開発を一生の仕事として楽しむためでもある。

システム設計は適性も訓練も必要な高度専門職

最後に、システムの設計や開発の仕事を「マニュアルに従って誰にでもできる簡単なお仕事」と業界自体がみなしてきた問題を改めて指摘しておく。頭数を増やすために適性を問わず新人を受け入れ、まともな訓練も施さず現場に放り込むことを繰り返してきた。本来ならこれを拒否すべき元請け企業もやすやすと受け入れる。なぜなら工数が多いほど「プロジェクトマネジメント」と称する下請管理の必要性をアピールできるからだ。要するに協力企業が派遣する技術者のレベルについて興味はない。結果的に、元請け企業はデータモデルを描けないし、モデルの良否も評価できなくなっている。異様といっていい。

システムの設計と開発の担い手は「適性も訓練も必要な高度専門職」である。建築、機器設計、さらには音楽や文学などと同様の創造的、かつ責任重大な仕事である。そのように位置付けなければ、業界は経済社会の足を引っ張り続けるだろう。また、「誰にでもできる簡単なお仕事」とみなされる限り、諸外国と比較して低すぎるIT分野の技術者の待遇も改善されないだろう。

システムの発注側にも、データモデルのリテラシーが一定以上求められる。受注者がまとめたデータベース設計の品質を施主として評価するためだ。アプリケーション構造の良しあしに素人は立ち入れないが、データモデルの読み方なら習得しやすい。発注者がデータモデルを読めない限り、システム開発はいつまでも分の悪いバクチであり続ける。低スキルの要員がデータベース設計を担っているかもしれないからだ。

個々の技術者は、業界や顧客の変化を待たずに行動を起こしてほしい。前章で説明した通り、実装技術に偏重した学びを自重し、業務知識の学びと実装体制の合理化に取り組もう。始めるタイミングは早いほどいい。遅くとも、前回述べた「流動性知能」が若手にかなわなくなる30歳までには始めたほうがいい。

できればIT勉強宴会のようなグループに参加して、システム設計に関する知見を持つ技術者と話す機会を作ることをお勧めする。特に、変化の激しい業界で活躍し続けている50代、60代の先輩たちと話せば、この分野で生き残るための専門性がどういうものかを実感できるだろう。さらなる学習の強い動機になるはずだ。

データモデリングの学びに関しては、拙著『システム開発・刷新のためのデータモデル大全』（日本実業出版社、2020）を参考にしてほしい。簿記を含むさまざまなモデルを解説しているので、業務知識とモデルをセットで理解する意義を分かっていただけると思う。

第4章

スコープ決定の「やってはいけない」、予算や納期にこだわるべからず

中山 嘉之
アイ・ティ・イノベーション　ビジネステクノロジー戦略部長

第4章で示す勘所

- 情報システムの開発トラブルは依然としてなくならない。失敗の原因は要件仕様、開発者のスキル、採用した技術などさまざまなところにあるが、そもそものスコープのとり方に問題がある場合が多い

- スコープを決める際、「1つ外側のスコープへの拡張」を常に意識しておく

- 複数のスコープに分けて開発を進めざるを得ない場合、出来上がってくる複数のシステムを統合する仕組みを用意する

- スコープを検討する上で最初に注意しなければならないのが、構築する範囲であるプロジェクトスコープと、設計する範囲であるデザインスコープは異なること

- システム開発においてはまず、予算や納期などと無縁のデザインスコープを意識する。デザインスコープが先にあり、その後で予算や納期との兼ね合いでプロジェクトスコープを決める

読者諸賢はスコープ（範囲）をどう決めているだろうか。システムを開発する場合、あるスコープの中で業務プロセスやデータベース、アプリケーションを設計し、進めていく。エンタープライズレベルのシステム開発では極めて重要なポイントにもかかわらずスコープは何となく決められてしまいがちだ。

「画面をこうしてほしい」「この仕事はこういう流れでやるもの」といったように、UI（ユーザーインターフェース）や業務プロセスにはあれこれ注文が付き、関係者が相応の議論をするものだ。ところが、もっと大事なスコープについては「制度改定があったし更改時期も来たから再構築しよう」「来期に始める新事業のための販売管理システムをつくってほしい」といったように、あらかじめ大体決まっており、突っ込んだ議論をしないことが案外多い。

残念なことに情報システムの開発トラブルは依然としてなくならない。失敗の原因は要件仕様、開発者のスキル、採用した技術などさまざまなところにあるが、筆者はそもそものスコープのとり方に問題がある場合が多いとにらんでいる。

スコープがおかしいと拡張性に乏しいシステムが作られる。2次開発プロジェクトを始めると、1次開発プロジェクトの分析不足が原因で、多くの変更が現行システムに発生してしまう。現行システムとデータが密接に関係する別システムが登場した途端、予期していなかったデータ項目が必要になり、現行システムのデータモデルまで変更を強いられるからだ。ひどい場合、現行システムまで開発し直すことになりかねない。

こうしたトラブルを避けるために本章では2点、提案する。第1はスコープを決める際、「1つ外側のスコープへの拡張」を常に意識しておくこと。第2は、複数のスコープに分けて開発を進めざるを得ない場合、出来上がってくる複数のシステムを統合する仕組みを用意することだ。

デザインスコープはプロジェクトスコープより大きい

スコーピング（スコープを決めること）の難度はますます上がっている。近年、システムのスコープは広がる一方だからだ。LOB（Line of Business、事業部門）から全社（1法人）、さらに国内のグループ企業群、最終的にグローバルのグループ企業群へとスコープが広がってきた。

図　拡大するシステムのスコープ

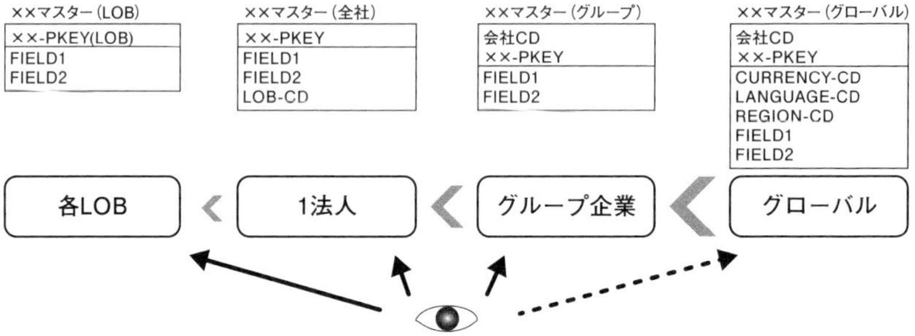

出所：筆者

スコープを検討する上で最初に注意しなければならないのが、構築する範囲であるプロジェクトスコープと、設計する範囲であるデザインスコープは異なるということだ。

システム開発においてはまず､予算や納期などと無縁のデザインスコープを意識する。このことを肝に銘じなければならない。デザインスコープが先にあり、その後で予算や納期との兼ね合いでプロジェクトスコープを決める。プロジェクトスコープは予算や納期に左右されがちで、時にはデータが密接に関連し合っているシステムを分断する危険がある。

デザインスコープを「データが密接に関わる業務の範囲」とする。エンタープライズアーキテクチャー（EA）にとって最も重要なデータアーキテクチャー（DA）を優先する考え方だ。

筆者は駆け出しのころ、製造業の情報システム部門に配属されて、基幹系システムを見直すプロジェクトに参加し、DOAを提唱した椿正明氏とともにデータモデルを整備した。そのモデルをこの製造業は長年にわたって維持し、今も発展させている。

デザインスコープはプロジェクトの制約に引きずられて狭くなりすぎてもよくないが、広すぎてもビジネスモデルが多様になりデータモデルが複雑になる。情報システム部門のガバナンスの範囲を越えると調査に長期間を要し、データモデルがいつまでたっても完成しないリスクがある。

広すぎる例はいきなりグローバルのグループ企業群を対象にすることだ。思い当たるのは同一ERPパッケージのグローバル展開だが、世界中のグループ企業にマッチするのは会計ぐらいだろう。いや、会計といえども国ごとの法制度による違いがある。結局、アドオンやカスタマイズの極みとなり、完成までに膨大な時間を要してしまいがちだ。グローバル統一モデルの一本勝負はいささか乱暴である。

現実解は企業規模や事業規模に応じて決めること。大企業ではLOBが、中小企業では全社が、それぞれデザインスコープになるだろう。ここでLOBは各事業本部が業務を遂行する上で使う主要な基幹アプリケーションのことも意味する。生産管理や販売管理などで、いずれもデータが密接に関わる業務の範囲になる。少なくとも1つのLOBがデザインスコープの最小単位だ。

1つ外側の世界への拡張性を担保

ここで1番目の提案をする。あるデザインスコープを決めた場合、1つ外側のスコープへの拡張を必ず意識しておくことだ。デザインスコープをLOBに据えたとしても、一部のデータについては「1つ外側のスコープ（世界）」、この場合は「全社」で考えることが求められる。

具体例を挙げると、生産管理、販売管理、原価計算で品目マスターを共有したり、販売管理、営業支援、債権管理で得意先マスターを共有したりするのがそうだ。品目や得意先を使い、LOBを越えて全社で横串を通す。生産管理というLOBをスコープにするものの、1つ外側の全社を考えてデータモデルを設計する。

全社（1法人）から国内あるいはグローバルのグループ企業群へ拡張するのはまさに1つ外側のスコープを考えることだ。会計システムをはじめグループ各社で共有するシステムについて、各種マスターデータのレコードを識別するプライマリーキー（主キー）に会社コードを追加する。これによって複数企業への対応が可能になり、各システムがもたらすビジネス効果は倍増する。

ただし条件がある。これを可能にするためには、システムのデザインスコープを考える際、1つ外側の世界（スコープ）へ拡張できるように、あらかじめデータモデルを備えておく必要がある。

1企業のシステムを複数のグループ企業で使えるようにする。このようにシステムをより汎用的にすることを「汎化」と呼ぶ。データモデリングの担当者はビジネスの現状と今後を常に意識し、近い時期に求められる拡張を予想して、汎化モデルをつくっていく。「1つ外側」と言っているのは、大風呂敷を広げる汎化を前提にデータモデルをつくっても、汎化が近い時期に起こる確率が低ければ無駄になる可能性があるからだ。

暗黙知を汎用化し可視化する

データモデルに1つ外側の世界への備えを施す際は、前述の会社コードの付与のように、明示的な識別子をデータモデルに加える。自社、子会社A、子会社Bを扱うために「会社」という識別子を持ち込む。同様に、日本、米国、英国を扱うために「国」を持ち込む、などがそうだ。

サプライチェーンマネジメントのスコープ拡大に備えて、異なる製品群やマーケットを汎用的に扱えるように、品目マスター、取引先マスターなどに「カテゴリー（区分）」という識別子を持たせれば、拡張性を担保できる。

言い換えると、暗黙の前提を汎化し、識別子として可視化する、ということになる。１企業のシステムであればそこに出てくる会社は自社だけであり会社コードは必要ない。日本企業だけのシステムであれば国といえば日本であり、言語は日本語、通貨は円といったことが暗黙知となっているのでデータモデルには通常描かれない。

ガバナンスの異なる複数のスコープをにらんでデザイン

データモデルのデザイン次第でスコープの拡大や変化に耐えることができるという第1の提案は、LOBや全社といったスコープに一貫したデータモデルがあることを前提にしている。

しかし現実には一貫したデータモデルを作成するのが難しいケースが出てくる。全体のスコープがグローバルに広がり、情報システム部門のガバナンス範囲を超える、さまざまなパッケージを利用しているため複数の異なるデータモデルが存在する、といった場合がそうだ。たとえガバナンスは可能だとしても、一塊のデザインスコープですべてを仕切らせようとすると規模の限界に突き当たる。

そこで第2の提案をする。デザインスコープをあえて分割し、複数のスコープに対し、データモデリングを並行して進め、その上で各データモデルを統合する。このやり方をとればグループ全体のデータモデルを早期に完成できる。

その際、データモデリングを分けて進めた際に起こる「複数のデータモデルのミスマッチ」に備えなければならない。ミスマッチとはスキーマの違いによりコミュニケーションの不具合が発生すること、スキーマの違いとは同様の意味を持つデータ間でのシンタックスの違い、同様の意味を持つエンティティーのフォーマットの違いなどだ。

異なるスキーマを接続するデータHUB

ミスマッチを避けるために異なるスキーマをつなぐ何かが必要とな

る。それを私は「データHUB」と呼んでいる。異なるデータモデルに基づいたシステム（ないしアプリケーション）の間をつなぐインターフェースだ。

図　データHUBの構造

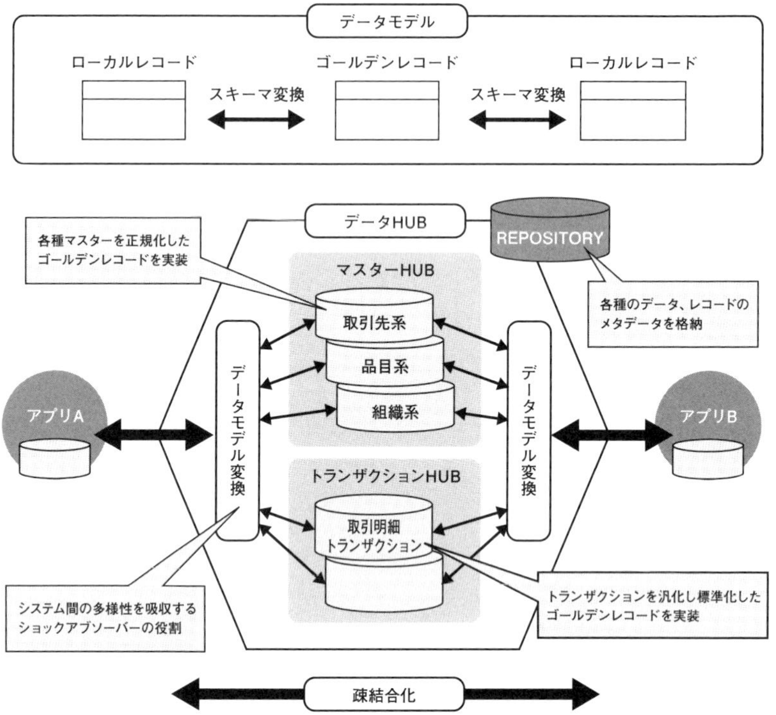

出所：筆者

　異なるデータモデルのシステム間で、同一の意味を持ったデータを、データHUB上の標準データモデルを介してつなぐ。あるデータモデルに基づくローカルレコードと、別のデータモデルに基づくローカルレコードは、データHUBの入り口と出口でスキーマ変換され、標準モデル（ゴールデンレコード）に沿ったデータベースに入出力される。

データHUBはいや応なしに生じるデータモデルの違いを吸収するショックアブソーバーの役割を果たす。対象となるのは複数システム間で共有するマスターデータおよびトランザクションデータだ。

データHUBを用いたグローバル情報共有モデル

概要は次の通りである。

ガバナンスが行きわたらない案件の典型としてシステムのグローバル対応がある。ここでデータモデルの違いをデータHUBで吸収する方法が応用できる。

本社と地域のそれぞれにデータHUBを置き、それらを連携させればよい。グローバルでのデータモデル統合についてはG-HQ（グローバルヘッドクオーター）のシステム部門がグローバル・データHUBを用いて各地域（リージョン）の統合データを統治する。

一方､地域（リージョン）ごとのデータモデル統合はR-HQ（リージョナルヘッドクオーター）のシステム部門がリージョン・データHUBを用いて統治する。

こうすれば、G-HQのアプリケーションでグローバル視点での情報処理を、R-HQのアプリケーションでリージョン視点での情報処理を、それぞれが実行できるようになる。

この情報共有モデルの特徴は、リージョン内のガバナンスは各リージョン統括部門に分担してもらい、グローバル統括部門は各リージョンの統合モデルだけを意識すればいいことにある。すなわち連邦型モデルである。

データの流れは次のようになる。マスターデータは上位から下位に向かったダウンフローに、トランザクションデータは下位から上位に向かうアップフローになる。各データHUBの入り口、出口にCONVERTERが配備される。CONVERTERはコード変換､レイアウト変換などを担い、データモデルの違いを吸収する。

システムのスコープを考えるにあたって、プロジェクトスコープではなくデザインスコープを検討する。対象とするスコープが拡大していくことを見込み、一歩先を読んだ汎用的なデータモデルを備えるようにする。それが難しい場合、スコープを分け、それぞれ異なるデータモデルを用意、その間をブリッジする。

図　グローバル情報共有モデル

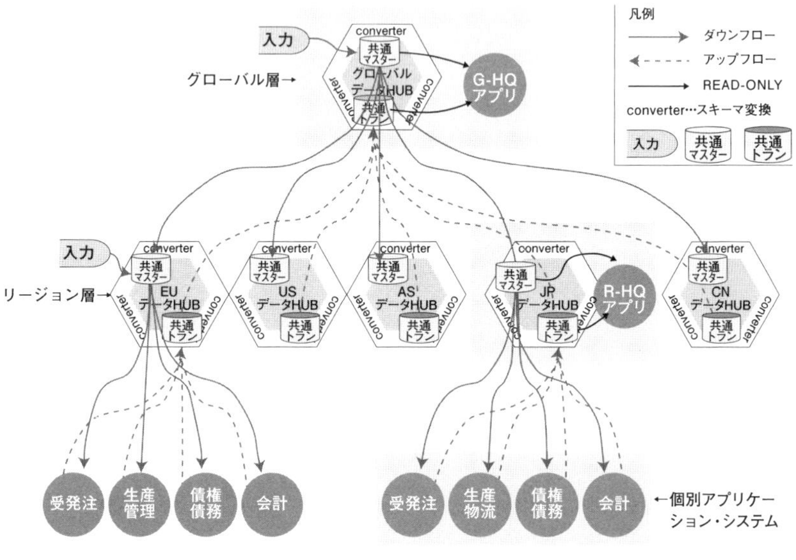

出所：筆者

以上、二段構えの対策を提案した。読者の皆さんが担当しているシステムについて、デザインスコープがどうなっているか、データモデルとどういう関係にあるか、確認することを強くお勧めする。

データHUBは筆者が製造業の情報システム責任者を務めていたとき、実際に設計し、構築したものだ。詳しくは拙著『システム構築の大前提

ITアーキテクチャのセオリー』(リックテレコム、2018) で説明している。関心のある方はよければご一読いただきたい。

第5章

DX時代にUI偏重は危険、ユーザーヒアリングのまんま設計するな！

中山 嘉之
アイ・ティ・イノベーション　ビジネステクノロジー戦略部長

第5章で示す勘所

・ユーザーヒアリングのまんまシステムを作ってはいけない

・UI（ユーザーインターフェース）偏重で良いシステムはできない

・ビジネスルールに普遍性があり、それに基づくシステムのロジックにセオリーが確立しており、データモデルがほぼカスタマイズなしに適用できる分野であればパッケージやSaaSを活用できる

・データ層の抽象化モデルはユーザー企業にとってソースコード以上に貴重な資産になる。このデータモデルをメンテナンスし続け、時代に合った実装技術をミートさせてシステムを構築すれば、その時代の最良システムになる

・DXを支える情報システムは、前例なき、セオリーなきシステムの典型だ。DXの時代にこそデータの重要性は今以上に高まる。データモデリングという抽象化作業を経て、ビジネスそのものをモデリングすること、すなわち「ビジネス要求を創る」ことこそが真のDXにつながる

「ユーザーヒアリングのまんまシステムを作ってはいけない！」

これは31年に及んだ、製造業の情報システム部門における活動の中で筆者が座右の銘の１つとしてきた言葉だ。ある時、この言葉を思いつき、プロジェクトの経験を重ねるうちに確信するに至った。情報システム部門長になってからは後輩たちにことあるごとに伝えてきた。

もちろん、実際に仕事をする事業部門のユーザーからヒアリングするステップはエンタープライズシステムを設計・構築するにあたって欠かせないものだ。ただし、ヒアリングした結果からまっとうなシステムに仕上げるために設計者としてやるべきことがある。

「UI（ユーザーインターフェース）偏重で良いシステムはできない！」

筆者の座右の銘はこう言い換えられる。近年のシステム開発において「UI偏重主義」がまかり通っていないだろうか。

直感的に分かりやすいUIはユーザーレビューを動く画面を用いるスタイルに変えた。かつての紙芝居方式とは雲泥の差だ。ユーザー部門と情報システム部門との距離が縮まった。

だから見栄えの良いUIを否定するものではない。筆者自身、2000年前後からJavaを使うWeb型のUIに魅せられ、社内システムのオープン環境シフトにまい進した。UIに重きを置いてフロント側のプログラムを量産できるようになったことも大きかった。DAO（データアクセスオブジェクト）によって、バック側へのデータアクセス処理を意識しなくてもよくなったからだ。

とはいえ、情報システムは表層のUIだけで動くものではない。バックにあるデータベースがしっかりしている必要がある。UIに力を入れるようになった半面、データベースに関する設計は一部のデータベーススペシャリストあるいはデータモデラーに託され、脚光を浴びることが減った。この傾向が強まるにつれ、データベースの設計品質が粗悪な事例が増えてきた。

受発注システムになぜか10数種類のテーブル

筆者が情報システム部門長を務めていたときの経験をアンチパターンとして紹介したい。2000年を超えたころ、自分の担当外の部門で受発注システム再構築プロジェクトが立ち上がった。業務の内容がユニークであったことからパッケージ導入ではなくスクラッチ開発を選び、大手システム開発会社に委託した。

凝りに凝ったUIが提案され、それに基づいてユーザーレビューを重ねる日々が続いた。入力画面を制御するプログラムはプロトタイプを経て本番用に切り替わり、単体テストを終え、システムテストに入ることになった。

入力画面は受注業務であれば受注入力から始まり、商品引当、出荷指図、出荷、売上計上と変遷していく。発注業務であれば、発注入力、入荷予定、入荷、購入計上といったステータスに移る。変遷ごとに入力画面プログラムがつくられ、それぞれにSEとプログラマーがはりつく、分業開発で進められた。

その結果、なんと10数種類の異なる受発注テーブルが設計され、実装された。単体テストまでは進めたが、同じ処理がこれだけの異なるテーブルに実装されると処理のパターンが複雑過ぎてシステムテストに入ることなどできない。急きょ、情報システム部門にいた有能なデータモデラーを中心にシステム開発会社のメンバーを交えてデータベース統合チームをつくり、立て直しを図ることとなった。

それでもすべてのテーブルは統合できず、数本のテーブルに分け、必要なところをバッチ処理でつなぐことになった。システムテストをしてみると、1回15分と想定していたバッチ処理時間のインターバル内に処理が終わらず、次の処理が待ち行列に入るという有り様だ。最終的には動いたが大変な思いをした。

これはデータ中心設計の真逆、プロセス中心設計の極端な失敗例だ。近い例が皆さんの周りにないだろうか。

モンスターを生み出さないためにデータモデリングが必要

上記の例からも、早い段階からあるべきデータベース設計を手掛けることの重要性が分かる。データモデリングを専門とする人材を育成もしくは調達することも欠かせない。

これは理想であり、現実にはプロジェクトごとにまっとうなデータベース設計ができる人材を社内外からアサインできるかどうかといった問題に直面する。もし人材確保がかなわないなら、パッケージやSaaSなどの既製のシステムを利用するほうが得策だろう。

なぜなら、多くの利用者に提供されるパッケージやSaaSが採用しているデータベースの設計品質は、専門家による設計、開発時の入念なデバッグ、利用者による多くの改善要望を通じて、まっとうなものになっているはずだからだ。

付け加えておくが、パッケージやSaaSの導入時には、それらの製品が採用している汎用データモデルと、導入する企業ごとのデータモデルを比較し、的確にマッピングする工程が入る。ここでもデータモデリングの有識者は必要だ。

ビジネスルールに普遍性があり、それに基づくシステムのロジックにセオリーが確立しており、データモデルがほぼカスタマイズなしに適用できる分野であればパッケージやSaaSを活用できる。一方、システムロジックにセオリーがない領域ではユーザーの声を聞きつつ、新たなロジックを設計していくことになる。

UIを重視したユーザーヒアリングは大いに盛り上がり、操作面に関するアイデアが沸々と湧きあがり、楽しい毎日が過ぎてゆくだろう。しかし、前述のアンチパターンのようにUIに傾注するあまりデータベース設計がおろそかになるのは危険だ。

正しい手順を用いて設計されなかったデータベースは、UIをそのままテーブルに変換したような代物になる。業務の流れも当事者ですら整理がついておらず、生煮えのものにとどまるのが関の山だ。

ユーザーヒアリングは現場の生の意見を聞く場だが実社会は矛盾と不条理にまみれたカオスである。カオスをフィルタリングして語れるユーザーがいればよいが、真面目で有能なユーザーであればあるほど、あらん限りの例外事象をあげ､システム側の担当者はけむに巻かれてしまう。

そこに何事にも手を抜かないことを取り柄としているシステム開発会社のエンジニアが登場するとメリハリなくすべてをシステムに落とし込もうと頑張ることになる。さてどんなモンスターが出来上がるのだろうか。

システムとは一般に「多くの物事や一連の働きを秩序立てた全体的なまとまり」と定義されている。セオリーがまだない新機軸のシステムであっても、ゆるぎないロジックを固める必要がある。このロジックは表層のUIをいくら分析しても出てこない。もう１つ深いデータ層を探ることが不可欠だ。

データモデルは企業の資産

データ層に着目した設計の流れを簡単に説明する。まず現状（AsIs）分析のフェーズがあり、AsIsシステム（論理データモデル）を描く。現行システムがあれば参考にし、ない場合は現行の業務や使われている帳票を調べる。ここでは目の前の具象（物理）をいったん抽象（論理）化することがポイントとなる。

筆者は製造業の情報システム部門を卒業後、コンサルタントに転じた。顧客の担当者と一緒に現状分析をしながら論理データモデルを描いていると「これはAsIsではなく、ToBe（あるべき姿）ではないですか」という質問をいただくことがある。確かに現状（AsIs）というカオスを論理的なモデルに描くのだからToBeの設計に片足を突っ込んでいることになる。

我々データモデラーは具体的な現状分析をきっかけにはするが、ややこしい制約条件にはあえて触れず、理路整然とした論理モデルを描くことに専念する。時には無意識にスコープを拡大解釈することもある。

次に実際に開発する、ToBeシステム（論理データモデル）を設計する。ここでToBeのビジネス要件（ビジネスNEEDS）を取り込み、意識的に制約条件の打破やスコープの拡大を試みる。実装の段階では新たなテクノロジー（新たなIT-SEEDS）を取り入れてToBeシステム（物理データモデル）を設計する。

データ層の抽象化モデルはユーザー企業にとってソースコード以上に貴重な資産になる。このデータモデルをメンテナンスし続け、時代に合った実装技術をミートさせてシステムを構築すれば、その時代の最良システムになるからだ。

図　システム開発におけるモデル設計

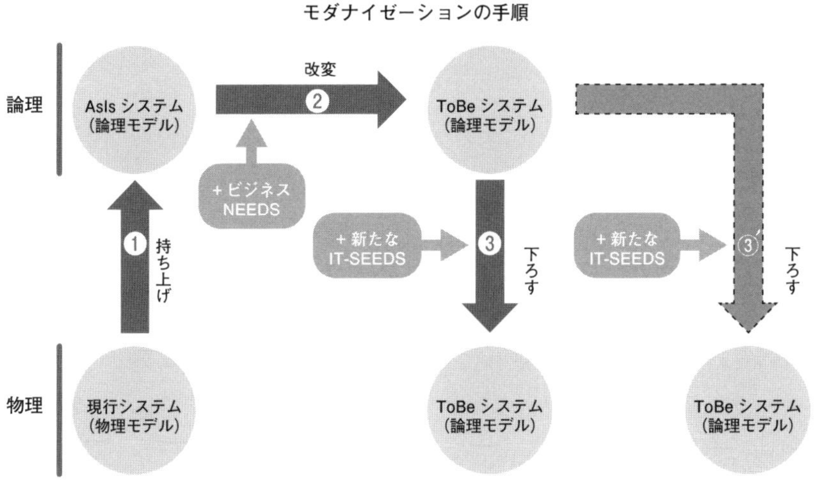

出所：筆者

モデルを汎化すれば将来に備えられる

セオリーがまだない情報システムをモデルに基づいて設計・構築した事例を紹介する。製造業の情報システム部門にいたときに関わった小規模で地味なシステムだが、データモデル主導で作った。

発端は「Microsoft ExchangeへのActive Directoryユーザーアカウント登録を自動化したい」という運用部門からのニーズだった。これを受けてデータモデリングチームでは、アカウントを保持する従業員を「ネットワークユーザー」と定義し、モデルを描いていった。サブタイプとして社員または非社員が存在し、社員データは人事システムから自動連携するのが最適と考えた。

人事システムと連携する仕組みを開発すればニーズには応えられるが、これでは「まんま」の開発だ。我々データモデラーはこのニーズを「汎化」できないか、その必要はないか、と考える。

ネットワークユーザーは社内メールアドレスを保有しており、それは個人に提供された「ITのリソース（個人ITリソース）」だ。個人ITリソースというデータタイプを考えると、メールアドレスは一部にすぎず、PCや電話も含まれる。電話はいずれ個人携帯になることを意識した。

さらに汎化を考えていくと「ITリソース」まで上り詰める。個人ITとは別に、皆で共有しているITリソースがあり、それらも本来管理対象になる。そこでITリソース全体のモデルを描いた。これは前章「スコープ決定の『やってはいけない』、予算や納期にこだわるべからず」でお伝えした「1つ外側のスコープへの拡張」の例でもある。

開発予算の関係で実際には「個人ITリソース管理システム」（図の点線枠）を実装したが、それでもインフラ管理の仕事をかなり省力化できた。詳しい説明を知りたい方は筆者のブログ『成功へ導く極意』の「2013/12/03　Think big. Start small.」の内容を確認してほしい（こちらのモデル図はUMLで表記している）。

図　システムを汎化し、スコープを拡大した例

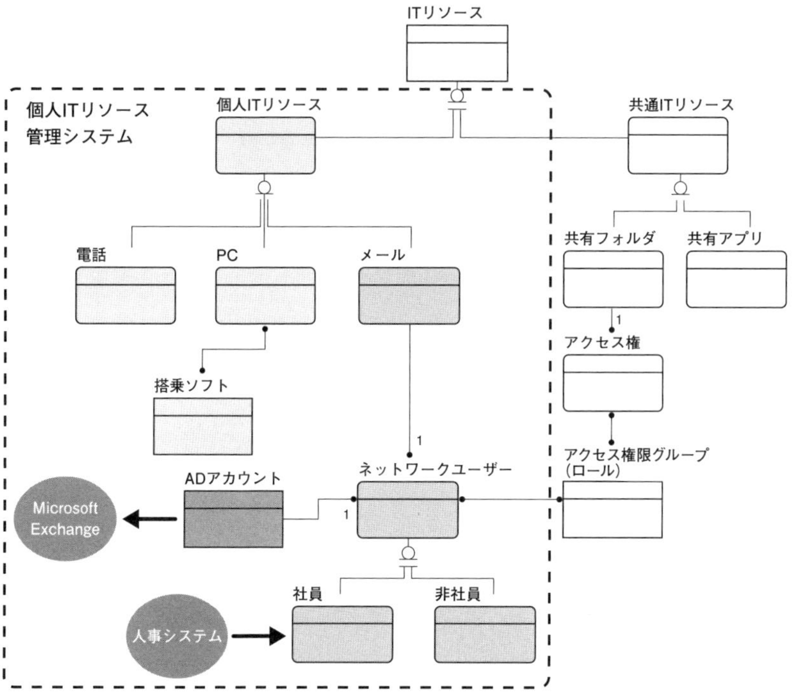

出所：筆者

DX時代にこそ、モデリングは有用

表層のUIにとどまらない、システムの根底にあるデータモデルとその設計の重要性を説明してきた。システム設計とは、かくも面白く奥深く、生涯の仕事とするにふさわしいものだ。面白さに魅せられ、定年後もデータモデラーとしてコンサルティングの仕事をしている次第である。

次なるDX時代にUIはどうなるだろうか。IoT（インターネット・オブ・シングス）の進展により人間が介在するイベント入力画面は画面操作性という言葉とともにだんだんと姿を消していくだろう。ビッグデータの時代、AIの時代になってもデータの本質、データが持つ本質的な意味は変わらない。

DXを支える情報システムは、前例なき、セオリーなきシステムの典型だ。むしろDXの時代にこそデータの重要性は今以上に高まるに違いない。データモデリングという抽象化作業を経て、ビジネスそのものをモデリングすること、すなわち「ビジネス要求を創る」ことこそが真のDXにつながると考える。

その担い手は紛れもなく、ビジネスに精通しているユーザーとそれを支えるデータモデラーになる。ユーザーヒアリングのまんまシステムを作っているようではDXの足元にも達しないだろう。

第6章

2025年の崖を前に再構築を見送り、情シス部長はなぜそう決めたのか

高田 富明
ナレッジ・ビー代表

第6章で示す勘所

- 当該事業の稼ぎに企業が頼り、稼げる理由の中にITが入らないなら、情シスの役目は裏方の仕事を全うすることだ。下手に手を出して調子よく回っている事業を止めるようなことがあってはならない

- 当該事業が「強みを新たに構築中」あるいは「強みの再構築の途上」という段階なら、情シスはがぜん前のめりになる。競争力にITをビルドインすることイコール情シスのプレゼンス向上だからだ

- 「社会的な異常事態の発生」はライフラインの担い手としての情シスに突然スポットライトを当てる。平時とは異質のプレッシャーにさらされるが、こんなときだからこそ踏み切れることもある。情シスが理想とするインフラ構築へ走る好機到来と捉える

- 留意すべきは他部門との協働である。事業を回すすべての部門が密接に連携し、その連携の妙からしみ出るものが企業の強みだ

- 連携を進めるために情シスがとれる1つのやり方はあえて突出することだ。ITの専門知見を振りかざし、思い切った施策を提示し、組織を揺さぶる

「情シス」と聞いて読者の皆さんは何を思うだろう。企業や団体の中にある情報システム部門の印象はどうなのか。

「なかなか新しいことをしない」「検討ばっかり、何も変えない人たち」、こんな辛口の反応を示す方もいるだろう。かつて製造業で色々なシステムをつくり、5年ほど情シス部長を務めた者としてそういう指摘を聞くと残念に思う。

情シスの意思決定を知って気持ちよく仕事をしよう

エンタープライズシステムにかかわる仕事をしようとすると、開発案件でも運用案件でもほぼセットで情シスが付いてくるのが現実だ。自らがそうであることもあれば、立場によって情シスは仲間かもしれないし、敵かもしれない。どちらにしても情シスがどういう意思決定をするのかを知っておくことはシステム開発に役立つ。

以下では、情シスの立場からその仕事ぶりを紹介してみたい。筆者の狭い範囲での経験においてではあるが、たとえ一端でもそこで職務に励む者の考え方が伝われば幸いである。

舞台を複数の事業を営む中堅製造業としよう。情報システム部門があり、部長がいる。情シス部長が意思決定を迫られるシーンを挙げる。2025年までに基幹系を刷新すべきとする「2025年の崖」問題が注目を集める中、この情シス部長は主力事業の業務アプリケーション刷新を当面見送る決断を下す。その判断を紹介し、なぜそう決めたのか、部長の心の内まで記述する。

シーンは3つある。筆者の経験だけでなく、現役で情シス部長を務めている知人にも話を聞き、内容を構成している。まず状況を簡単に説明し、続いて3つのシーンと部長の意思決定をそれぞれ書く。形式は情シス部長の独白にする。

営業と工場が強い、情シスは裏方

さほど大きい業界ではないものの、ウチの主力事業はトップシェアを誇り、利益の大半を稼ぎ出している。文字通りの大黒柱だ。

主力事業の強みは顧客ニーズを先取りして提案する力と、ロットサイズを問わず短納期で生産する力である。提案力と生産力が業界の特性にマッチし、顧客のファーストチョイスとなっている。

「ウチの営業と工場は強い」。これが社内の共通認識であり、残念ながら情シスは裏方だ。

大黒柱が健在なうちに次の柱を育てようと新しい事業機会を模索している。主力事業で培ったノウハウを異なる業界に横展開しようという目論見だ。ウチの勝ちパターンは他業界に通用するのだろうか。

シーン1の課題

主力事業の業務システムをどう作り直すか

主力事業を支えてきた業務処理システムで使っているハードウエアとミドルウエアの保守期限があと2年で切れる。アプリケーションには主力事業の成長過程で生じた歪みがある。部下のエンジニアは「これを機に作り直したい」と言ってきた。運用上､使い勝手が悪いところがあり、再開発すればもっと良いシステムになる。

主力事業の競争力に陰りはなく、しばらくは現状の利幅を確保できそうだ。ただし花開くまで経営陣はこの事業に最優先で経営資源を割いてきた。投資回収の負担は大きく、事業部長の肩には厳しい予算が課せられている。「勢いほどにカネはないよ。固定費増は勘弁して」。これが事業部長の本音だろう。

主力事業の現場とは普段から接しているから言いたいことは分かる。業務処理システムは少々非効率だがもう慣れた。使い方の工夫でカバーしている。そんなことよりとにかく忙しい。まさかアプリケーションの作り直しで会議なんか開きませんよね。「仕事の邪魔だけはしないで」というのが現場の本音だろう。

さて、どうしたものか。

シーン1の意思決定

アプリケーションはあえて直さない

考えた末に、以下の更新計画を事業部に提案すると決めた。

1) 更新するのは有限保守契約のあるハードウエアとミドルウエア。従来とほぼ同じコストで性能と容量はアップする。
2) アプリケーションの手直しは受注継続にどうしても必要な顧客インターフェースの追加だけとする。
3) 更新時期は来年正月。ここから契約切れまでまだ1年あるが万一のときにリトライできるように早めに切り替える。
4) 更新作業は正月の仕事休みの6日間。現場の業務カレンダーへの影響はない。ただしシステム検証のときだけ現場の主な担当者に休日出勤してもらう。

これであと5年はこのシステムを使える。事業部の損益に計上される償却費と経費は許容範囲内に収まる。現場のオペレーションマニュアルにほとんど変化はない。システムが更新されたと気付かないくらいだろう。部下のエンジニアに計画を伝え、納得してもらった。

シーン2の課題

新規事業の立ち上がりをITでどう後押しするか

新規事業として有望な分野が見えてきた。先行する競合を追いかける立場になるが市場は拡大基調でパイは十分ある。準備しているのは独特のモジュール構造を持つ新製品。セミオーダー型の受注を可能とし、個別仕様への対応力で競合に差を付ける。そんな算段である。

新たな開発組織が立ち上がり、試作設計が始まった。生産に向けた設備投資も大枠で予算承認されている。ただし設計が進むと営業と工場の発言が慎重さを増してきた。営業はモジュール化にプラスして何かもう1つ目玉が欲しいという。工場はモジュールを再利用するといっても個別仕様の設計は必要でそこに工夫がいるという。

やはりこれまでとは勝手の違う業界のようだ。しばらくは仮説を立てて検証するサイクルを回し続けることになる。設備投資は少し先になりそうだ。

自社の新たな強みをつくる機会である。情シスも貢献しようとあちこちに顔を出しては話を聞く。開発担当者から「ITは万能ですよね」などと変な期待の声をかけられた。

モジュール化の狙いは再利用性の確保。そのためにBOM（部品表）システムの操作性向上と外部との共同設計機能が必要。そこまでは判明した。面白い。どう応えようか。

シーン2の意思決定

最新ITを積極提案

設計業務に詳しい部下に指示して最新の設計支援ツールをいくつか見繕う。コワーキング3次元CAD（コンピューター支援による設計)、多機能PLM（製品ライフサイクル管理)、AI（人工知能）設計アシスタントを組み合わせ、開発部隊が理解しやすいように松竹梅のメニューにして提案した。

開発部隊は早速、新しい設計・生産プロセスと松竹梅との相性を検討し始めた。松に決めてくれたら大がかりなITツールの整備が必要になる。情シスとしてうれしい悲鳴だ。

ところがやっぱり新製品であり、なかなか評価が定まらない。設計・

生産で新たに求められる要件を決め打ちし、ITツールにドカンと先行投資してもらい、当初は情シスが主導して走りたいがままならない。

ウチの組織には「しっかり仮説を立てて検証する。動くのはそれから」という思考と行動の癖が染みついている。これがウチの強みでもあるのだが・・・。

今も次々に新しい仮説が飛び交っている。できる限りの提案はしたのだから自重し、方向が定まるのを待とう。それまで仮説ごとに見合うITツールを提案し、議論に付き合ってゆく。

シーン3の課題

急な社会情勢の変化に情シスとしてどう対処するか

さて、今般の新型コロナ禍である。BCP（事業継続計画）は立てており、感染症蔓延のケースを挙げていたものの、細部まで詰めきれていなかったことが悔やまれる。ここに至っては一時的な緊急措置と新常態を見据えた恒久措置とに分けて対処するしかない。テクニカルに解決可能な案件か、他部門と協働すべき案件かも分けて考える。

情シスとしては降ってわいたテレワークへの対処を急ぐ。VPN（仮想私設網)、通信回線、ファイアウオールを増強すべく、ひたすら調達交渉を押し進める。どうしても現地調整が必要な機器については、辛いが担当部員に出社の指示を出す。

インフラはなんとかなるとして、それ以上は制度変更まで踏み込まざるを得ない。勤怠管理、労基対応、押印規定、セキュリティポリシーなど、経営はもちろん人事・総務・法務の決断がいる。

情シスとしては待つのがよいか、それとも？

シーン3の意思決定

情シスから突っ掛ける

ここは情シスから突っ掛けてみよう、と腹をくくった。仮説検証を重ねるのも手だがテレワークについては総論賛成だろう。カネも使える。社内を見渡してみると社員の半分はテレワークに移行できそうだ。人事系のクラウドパッケージの仕様を調べ、社内に宣言した。

「緊急時だから勤怠管理もジョブ型勤務への移行もテレワークも標準仕様で済ませよう。それなら全社全員がテレワークに対応できるシステムを1カ月でリリースできる！」

人事はやる気のある連中だ。負けじと自分たちなりの新しい勤務体系や処遇制度を提案してくるはず。さあ、曲折が始まる。緊急措置のように提案したが本音は違う。このまま恒久の制度として定着するまで絶対に妥協はしないぞ。

最大変化のギリギリを狙って突出しよう

部長の意思決定の理由をそれぞれのシーンごとに説明する。

シーン1は「競争力のある主力事業」かつ「IT命の事業ではない」場合の意思決定である。当該事業の稼ぎに企業が頼り、稼げる理由の中にITが入らないなら、情シスの役目は裏方の仕事を全うすることだ。

下手に手を出して調子よく回っている事業を止めるようなことがあってはならない。大黒柱を止めてしまうリスクはとんでもなく重い。単純延命策は真っ先に思い浮かぶ選択肢だ。

こんな情シスを「弱気だ、何も変えてない、もっと先を見ろ」と諭す向きもある。しかし、帰属する企業の事情や対象となる事業の特性、現場の空気、システムの将来を考え抜いた上での延命策だとしたら、それは合理的と言えるのではないだろうか。

一方、シーン2のように当該事業が「強みを新たに構築中」あるいは「強みの再構築の途上」という段階なら、情シスはがぜん前のめりになる。競争力にITをビルドインすることイコール情シスのプレゼンス向上だからだ。

シーン3にある「社会的な異常事態の発生」はライフラインの担い手

としての情シスに突然スポットライトを当てる。平時とは異質のプレッシャーにさらされるが、こんなときだからこそ踏み切れることもある。情シスが理想とするインフラ構築へ走る好機到来と捉えよう。

シーン2や3のような攻めどきであっても留意すべきは他部門との協働である。事業を回すすべての部門が密接に連携し、その連携の妙からしみ出るものが企業の強みだ。情シスだけ、ITだけで競争優位を築けるなら苦労はしない。

連携を進めるために情シスがとれる1つのやり方はあえて突出することだ。ITの専門知見を振りかざし、思い切った施策を提示し、組織を揺さぶる。それをきっかけに組織が有機的に再結合してくれるなら万々歳だ。

もちろん、やみくもに突出するだけでは逆効果になりかねない。事業の特性、組織の風土、情報システムへのリテラシー、といったことを勘案し、その施策が引き起こす最大変化のギリギリを狙って突出せねばならない。

冒頭で触れたように情シスに苦言を呈する向きもある。しかし情シスとしては組織の中で組織なりの最大変化を読み、きっかけを仕込み、ここぞというタイミングを計っている。たとえ外からは消極的に見えても中では仕込み、すなわち変化を促す働き掛けが粘り強く展開されていることを知ってほしい。

「ウチにとっての最善」を常に問う

当然だが情シスは帰属する企業の側に立ってITを目利きする。「ウチの事業を強くするにはどうすれば良いか」「ウチの業務をどう回すと楽になるか」「そこにITは何ができるか」と常に問うている。その上で各企業が置かれた文脈において「ウチにとっての最善」を見つけ出し、行動に移している。ITにとっての最善ではない。

したがって同じテーマ、例えば業務システムの更新であっても企業ごとに情シスの選択は異なる。選択が正しかったことは最終的に帰属企業の業績が証明してくれるはず。そんな思いで情シスは日々の職務に励んでいる。

ITベンダーであれば、情シスと協働する機会があったなら、表に出てくる意思決定の結果だけはではなく、背後にある「ウチにとっての最善」という思いまで想像してはいかがだろう。そこが情シスの仕事場なのだから。

現在、筆者はフリーランスのSEとして、顧客企業の工場向けにシステム企画、社員教育、IoT設備導入などをお手伝いしている。立場は変わっても協働が大事だという点に変わりはない。

第7章

しっかりした
システム企画を立てるコツ、
アリストテレス伝来の
「型」にはめよう

高田 富明
ナレッジ・ビー代表

第7章で示す勘所

・何かを企てる際に押さえるべきポイントには会社や案件を超えた普遍性がある。ならばそれを盛り込んだ作業手順を規定して「型」にしてしまおう

・型にはめることで企画の質のバラつき抑制、芽のあるアイデアの埋没回避、不完全な企画の通過阻止ができる。立案へのハードルが下がるためか、トライの数も増える

・「数字のAsIs」を把握しておく。インパクトをどれだけ定量的に表現できるかが成否の分かれ目である

・周囲を巻き込む。一人の創意には限界がある。どんどん現場へ出向いて当事者たちに相談を持ち掛けよう。その際、型は意見集約の場として機能する

・場数を踏む。どんな思い付きでも一度は型にはめて頭を絞ってみよう。たとえ不成立に終わってもその過程を振り返ることで頭の中の引き出しが増える

エンタープライズシステムの導入プロセスで最上流に位置する「企画立案」は言うまでもないが極めて重要である。企画立案とは自社や顧客を利するための思い付きやアイデアを経営者や上長、意思決定者の判断を仰ぐに足る行動計画にまで練り上げることを言う。考え抜かれたしっかりした企画が立案されたなら、その時点で企ての成功は決まったようなものだ。

では「しっかりした企画」とはどんなものか。「練り上げる」「考え抜かれた」とは具体的にどのような行為を指すのか。思い付きやアイデアはあるのにその後が伴わないという状況にあるなら、それはこれらの問いへの答えがあいまいなためではないだろうか。

筆者は「企画立案作業の規格化」を提案したい。何かを企てる際に押さえるべきポイントには会社や案件を超えた普遍性がある。ならばそれを盛り込んだ作業手順を規定して「型」にしてしまおう。型にガイドされて作業することが「練り上げる」という行為に相当する。その成果物は「しっかりした企画」になるはずだ。

先人の英知から学ぼう

はるか昔、古代ギリシャのアリストテレスは問題に正しく対処したいなら、まず「定常争点（stock issues）」を明らかにせよ、とした。定常争点とは問題（ill）、原因（blame）、解決法（cure）、代価（cost）である。次に4点を机上に並べて、そのうえで意思決定すべし、とアリストテレスは説いた。

この教えは現代の「政策論争（policy debate）」に受け継がれ、定常争点は重大性（significance）、内因性（inherency）、解決性（solvency）、不利益（disadvantage）へと再定義され、それぞれの争点をどう深掘りするかまで体系化されている。

本章で提案する企画立案の型はそんな古くからの英知をエンタープライズシステムの導入企画に応用したものだ。まず争点を設定し、次にそれぞれを深掘りして最終判断に至るという筋立てはそのままに、ITの投資案件に向くよう拡張してある。

筆者は製造業において経営企画部門と情報システム部門を長く経験したが、「良かれと思う案がひらめいたら、とにかく型にはめよう」と自分にも周囲にも課してきた。型にはめることで企画の質のバラつき抑制、芽のあるアイデアの埋没回避、不完全な企画の通過阻止ができる。立案へのハードルが下がるためか、トライの数が増えるのも好ましい傾向だろう。

問題主導型でストーリーを組み立てる

型にはストーリーの組み立て方、カードの切り方に応じていくつかの種類がある。その中から今回は最も基本に忠実で取っつきやすい「問題主導型(need-plan-advantage case)」を紹介する。既に顕在化している損、将来起こり得る危機など、足元の差し迫った問題を起点に立案していく型である。アリストテレスの指摘通り、この型は4パートに分かれる。

パート1）重大な問題の存在

Q：どんな問題か？

Q：どんな害を被っている？/このまま放置すると会社に何が起こる？/それはどれほど重大か？

→インパクトを数字で表現する

第1のパートで問題の存在を指摘し、それは重大であり解決が必要、だからこそ当企画には意義があると説く。特に重大さ（インパクト）の定量的評価が重要で、業績評価指標がどう動くかまで踏み込みたい。インパクトの数字は問題を放置したときの損失額で示すことが多いが、問題解決によって得られる利益として提示してもよい。定性的評価もしてよいがオマケ程度と考えよう。組織を動かすのは、なんといっても数字だからだ。

パート2）原因の特定

Q：何が原因か？

・必ず3つの視座から分析する
→ 物理的/メカニカルな視点
→ 制度的な視点（法律、契約、社内規定、内規、約束事など）
→ 態度的な視点（慣習、雰囲気、モチベーションなど）

Q：これらを取り除けば問題は解消されるか？

Q：何も手を打たない限り、これらの原因は存在し続けるか？

第2のパートで三方向から原因を抜けなく把握し、その因果関係を明確にする。ここで挙げた原因が無くなれば先に説いた重大な問題は解消される。その理屈付けのため何度も問題と原因との間を行き来することになる。また、放っておいたら消滅するような原因ではないことも主張する。

パート3）解決策の提示

3-1）原因を取り除くためのメインプラン

Q：どんな施策か？

Q：この施策は実行可能か？

・実行の主体となる部署を指定
・実行に必要な人、設備、ノウハウを保有していることの説明

Q：この施策はどうやって原因を取り除くのか？

・原因解消に至るまでの過程/メカニズムの説明

3-2）不利益（後述）を防ぐためのスパイクプラン

Q：どんな施策か？

Q：この施策は実行可能か？

・実行の主体となる部署を指定
・実行に必要な人、設備、ノウハウを保有していることの説明

Q：この施策はどうやって不利益の発生を防ぐのか？

・不利益発生防止までの過程/メカニズムの説明

第3のパートで作用対象が違う2種の施策群を提示する。1つは原因を取り除くためのメインのプラン、もう1つは後述する不利益を防ぐためのプランである。後者はスパイクプラン（先回りするという意味）と呼ばれる。

どちらも誰が実行するのか、それは可能かを確認する。そのうえで施策がどのように作用するか、実行すれば必ず原因や不利益に効くというメカニズムを説明する。

パート4）新たに生じる負担と不利益

4-1）施策実行までの負担

Q：施策実行までの代価は？

・開発コスト
・移行コスト、リスク

Q：どの部署が、どうやって負担するか

・償却費の計上場所
・人員の出所

4-2）施策実行後の負担と不利益

Q：施策実行を維持するための代価は？

・メンテナンスコスト
・経費の計上場所
・人員の出所

Q：施策実行後に生じる新たな問題はないか？/それはどれほど深刻か？

・影響を数字で表現する

第4のパートで施策実行の代価を2つに分けて認識する。1つは実行するまでに投じるリソースである。システム開発を外注する場合は開発コストが主になる。金額や工数といった数字で表現し、その回収方針を明示する。

もう1つは実行した後に生じるマイナス事象についてである。問題が解消されるかたわらで何が起こるか。マイナス事象の影響を数字で見積もり、それが深刻なら未然防止のための打ち手を講ずる必要がある。これが先のスパイクプランになる。打ち消せる場合はその旨を記す。

パート1からパート4の記述は最初、メモ程度で良い。ざっと俯瞰（ふかん）して全体観を持てれば十分だ。実行するに足る企画かどうか吟味し、4点を練り上げていく。

これで行けると思ったら意思決定者に答申し、判断を仰ぐ。答申できる企画の条件は「パート1）重大な問題の存在」のインパクトが「パート4）新たに生じる負担と不利益」を上回ることだ。差し引きの結果、組織にプラスが残らない限り「しっかりした企画」ではない。自分が納得できるまで、これなら他人を説得できるとのメドが立つまで、ひたすら創意工夫を重ねて考え抜くしかない。それが「練り上げる」という行為である。

問題主導型を実務で使う

問題主導型の実例を紹介する。工場の生産効率を測るために必要な情報を最小限にするプロジェクトに参加する中で、どれだけ作業者がペーパーワークに工数を費やしているか、その実態に驚いたことから着想を得た。第一案は次のようなものだった。

実例パート1）重大な問題の存在
現場に書きものが多すぎる
直接作業時間の損失：1シフト1人あたり xx回、xx秒 × xx人
間接コストのムダ
専用記入票の調達代：年間xx枚、xx万円 保管費用：占有面積xx平方メートル、補材置き場の容積を圧迫中

実例パート２）原因の特定

手書き伝票があること

物理/メカ：情報の一次発生源からの転記に直接作業者が工数を投じている
制度：品質規定（紙媒体での保管を規定）、作業標準（報告票の記入を規定）
態度：特になし

手書き帳票を全廃できれば問題解消は確実

手書き伝票が一部でも残っている限り問題解消には至らない

実例パート３）解決策の提示

メインプラン

生産機械と付帯設備から必要な情報を直接採取し、手書き伝票を全廃する

・新たにプロジェクトを立ち上げ、全体進行を担う
・対象機械の性質に応じて複数種の情報採取装置を開発する
・装置は外付け/後付けタイプとし、機械を止めて改造する必要を無くす
・装置本体は外部調達品、装着に必要なインターフェースは内製
・電源とネットワークの配線工事が必要になるかも
・採取する情報は先行する生産性計測プロジェクトの指定に準じる

規定を変更し、電子媒体保存を前提にする

・対象は品質規定と作業標準

移行と本番切替

・xx年期首よりxx工場のxxラインから順次リリース、全ライン切替完了までxxカ月
・装置は稼働時間外に取り付ける
・テストと作業員の習熟のため１週間程度、断続的に稼働を止めることは覚悟
・既存帳票との併用期間あり

実行性

・工場長の指示の下、ラインリーダーが操作に責任を持つ
・情報システム部と生産技術部に開発ノウハウ有り、足りないリソースは外注で賄う
・規定変更はそれぞれの管轄部門に依頼、社内規定なので困難はないはず

解決性

・転記の必要性を無くす → 現行の手書き帳票が不要になる
・装置ごとに稼働データがリアルタイムで飛んでくる
→ 指定情報レイアウトに編集
→ メインDBへ格納

スパイクプラン

産業機器専用のネットワークを構築する

・基幹ネットワークから切り離す
・またぐ必要のあるデータを最小限にし、ゲートウェイを介してやり取りする
・プロトコルの規定は Ethernet のみ、その上に何を乗せてもOKとする

実行性

・MACアドレスとIPアドレスは情報システム部が一元管理中、
　生産設備に広がっても管理可能
・工場の生産技術部に電気通信を専門にしている人員がいる

解決性

・物理的な遮断 → 互いのセキュリティーを侵害しない

実例パート4）新たに生じる負担と不利益

開発費概算

切替/移行コスト、リスク

メンテナンスコスト

・1台あたり平均初期費 xx万円 × ラインあたり平均台数 xx台 ＝ 初期費 xx万円
・ネットワーク構築初期費用 xx万円
・メンテナンス費は初期費の10%
・年間償却費 xx万円 ＋ 年間メンテナンス費 xx万円
・移行時や習熟期間中の生産性低下、その程度はまだ不明

費用負担方針

・キャッシュアウトについては受益部門である工場の損益表に計上する
・予算枠はあるか？
・ネットワーク管理費用は情報システム部の負担とする
・内製工数の部門間付け替えは行わない

施策に起因する新たな問題

・施策実行の前後で情報の様相が変わる
　- 時系列比較、カイゼン活動、業績評価基準など
　- 影響大
・BCP（事業継続計画）
　- 停電に弱い
　- 採取装置の故障や運用上のトラブルに備えねばならない
・セキュリティー
　- PLCなどの機械制御装置はWindows-PCとは違う、これまでの対策が通用しない
　　→ スパイク済み（前述のスパイクプランを参照）

以上は第一案であり、ツッコミどころ満載だ。まず、施策規模の割にインパクトが弱い。手書きのマイナス面は記入時間だけにとどまらない。もっと害の及ぶ範囲を広げて数字を集めよう。

施策の解決性も怪しい。機械から得る情報は正確だが単純であり、何らかの加工が必要になるはず。スパイクもまだ打てていない。

それでも着眼点は悪くない。手書きを無くしたいという想いは共通のはず。これを足掛かりに工場と協働して突破口を見つけていくしかない。企画の成立に向けた長い道のりが始まる。

企画を成立させるコツ

事例から分かるように、たとえ型が用意されていても企画を成立させるのは簡単ではない。コツがあるとしたら以下の3点だろう。

まず「数字のAsIs」を把握しておく。インパクトをどれだけ定量的に表現できるかが成否の分かれ目である。常日ごろから現場の数字に敏感になっておこう。そうすればいざ数字をかき集めようとしたとき、途方に暮れなくて済む。

次に周囲を巻き込む。一人の創意には限界がある。どんどん現場へ出向いて当事者たちに相談を持ち掛けよう。その際、型は意見集約の場として機能する。同時に賛同者を増やせるなら一石二鳥だ。周囲には社外も含まれる。本書を執筆している「IT勉強宴会」のような集まりに出ると色々ヒントをもらえる。社外の人と積極的につながりを持とう。

そして3点目に場数を踏む。どんな思い付きでも一度は型にはめて頭を絞ってみよう。たとえ不成立に終わってもその過程を振り返ることで頭の中の引き出しが増える。どこまで深く詰めるかも悩みどころだが、そんなときに見切る感覚は試行錯誤する中で養われる。

企画立案はひたすら面白い

「企画の成立に向けた長い道のり」の道中は暗中模索になることも多く、相談しても誰も決めてくれず、なかなか辛いときもある。そうしたとき「なぜこんなしんどいことをやるのだろう」と自問してきたが答えはいつも同じだった。「面白いから」である。

自分の創意工夫が形になり、意図通りの、時には意図を超えた成果を出している。それを実感できるのはこの上ない喜びだ。一度そんな喜びを味わったなら、もう止められるものではない。本章がそんな幸せな仕事人を増やす一助になれば幸いである。

第8章

「構築すべきではないシステム」の構築を避ける目的手段展開法

三輪 一郎
プライド執行役員　シニア・システム・コンサルタント

第8章で示す勘所

- 生産的な営みのためには「構築すべきもの」を明らかにすることが必要

- システム構築プロジェクトにおいては組織ミッションの変革や業務ルールの変更を含めて検討しなければならない

- 広義の情報システムをどう実装するかには多くの選択肢があり、担当する業務や立場、役職によって見方は異なる。システムの目的と生み出す価値を明らかにし、関係者が納得するGOALを定めるのが先決である

- アイデアを分ける時期を複数想定し、施策を段階的に集約していけば、多段階を経て実現していく計画に展開できる

- 目的と手段の構造が出来上がると手段を見える化できコストも明らかになっていくため、費用対効果分析が可能になる

「もともと構築すべきでないものを効率的に構築するほど非生産的な営みはない」

これは筆者が所属するプライドが提供してきたシステム開発方法論において、長年大事にしてきた考え方の1つである。構築作業を受注した側は効率的に作ることで利益を出せるが、発注者が満足できるとは限らない。そもそも発注者は構築すべきものをしっかりと明らかにしたうえで発注しているのだろうか。

生産的な営みのためには「構築すべきもの」を明らかにすることが必要だ。その取り組みを「プロジェクトGOALの共有」と呼び、具体的な方法として「目的手段展開」をお伝えする。あえてゴールとせず、英語で書くがGOALとは情報システムの構築によって目指す最終地点を指す。一番大事な目的と言ってもよい。

図 「目的手段展開」の実例

写真：筆者（現物なので読めない解像度に下げてある）

筆者が実際にファシリテートした目的手段展開の結果を写真に撮った。付箋紙は現物なので読めない解像度に下げてある。あるプロジェクトにかかわっている10数人の参加者がアイデアを出し、それらを付箋紙に書き、数時間かけてアイデア同士の関連を見いだし、会議室の壁に展開した。最上段にGOALが掲げられている。アイデアだけではなく、実行上の問題も議論し、問題解決策を考え、斜めに貼って強調した。

なぜGOALの共有が必要か

「GOALとは情報システムの構築によって目指す最終地点」と述べた。ここでいう情報システムは、組織で仕事をする人、仕事のルール、業務の仕組み、コンピューターやネットワークとその中で動くアプリケーション、すべてを含む広義のものである。

図　狭義の情報システムと広義の情報システム

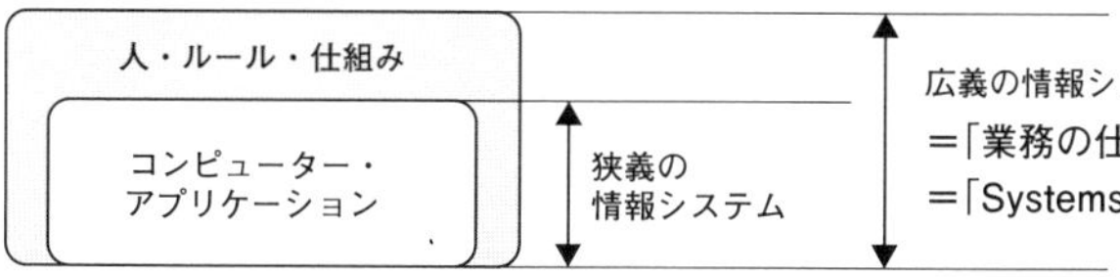

出所：筆者

広義の情報システムは多数のSystemを連携、動作させる「業務の仕組み＝Systems」そのものと言える。今やISOでもSystemsが論点として位置付けられている。ISO/IEC/IEEE 15288:2015(IDT)、Systems and software engineering - System life cycle processesが制定され、国内でも2020年1月20日、JIS X 0170:2020として制定された。

広義の情報システムと、コンピューターやアプリケーションという狭義の情報システムの関係を一言で表現すると「システム≠コンピューター」となる。これもプライドが長年大事にしてきた方法論の中の考えである。弊社はかつて、米国生まれのシステム開発方法論を国内のユーザー企業各社に販売していた。ベンダー中立であったこの方法論はユーザー企業各社の開発標準として盛んに活用された。

広義の情報システムが行き来させ、やり取りしている「情報」とは何か。筆者は「受け手の、何らかの意思決定やアクション（行為）に影響するもの」と捉えている。情報は広義の情報システムの中心にいる「人」のために形作られるので「受け手の」という一言を添えた。

意思決定やアクションに注目しているのは、計画を立て、大きな投資を行った情報システムが出来上がり稼働した際、人々の意思決定方法やアクションの仕方が変わらなければ企業の業績には貢献しないし、そのシステムに価値はないからだ。システム構築プロジェクトにおいては組織ミッションの変革や業務ルールの変更を含めて検討しなければならない。

広義の情報システムをどう実装するかには多くの選択肢があり、担当する業務や立場、役職によってシステムの貢献や価値に対する見方は異なる。したがってシステムの目的と生み出す価値を明らかにし、関係者が納得するGOALを定めるのが先決である。

そのために現場で行うのが「目的手段展開」だ。企業の業績に何らかの貢献をもたらすアイデアを皆で出し合い、それらを整理し、構造化された一枚の絵にすることでプロジェクトメンバーの総意を「見える化」できる。

パソコン不要、模造紙と付箋紙で十分

目的手段展開の方法はいたってシンプルだ。まず模造紙と付箋紙、サインペンと会議室を用意する。デジタル庁が創設された時代にあって地味な道具立てだが、筆者はパソコンもプロジェクターも使わない。主役は道具ではなくプロジェクトに参加する人だからである。

次に参加者から集めたアイデアを付箋紙に書き起こし、レンガ状に並べる。持ち寄ったアイデアを吟味すると、あるアイデアは他のアイデアの手段であったり、逆に目的だったりする。そこで目的になるアイデア

を上に、手段となるアイデアを下に並べ、それらをつなげていく。

図　目的手段展開の進め方

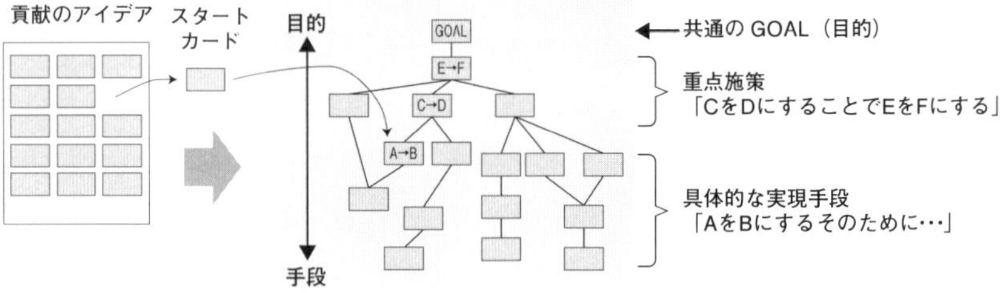

出所：筆者

実際のやり方としては、アイデアを書いた付箋紙の中から1枚を最初に取って模造紙に貼り、そこから展開を始める。最初の1枚を「スタートカード」と呼ぶ。どのアイデアから始めても同じ結果にたどり着くのだが、スタートカードの選択は参加者のモチベーションを大きく左右するためファシリテーターの腕の見せ所となる。

筆者は普段の発言力の弱い立場の方が書いたアイデアの中からほかとのつながりが多そうなものを選び、中段に置いて始めることにしている。組織上の立場や肩書きは気にしない、という進め方のルールを暗黙のうちに共有するためである。

そこから皆で議論を交わし、全員のアイデアの総意を明らかにしていく。整理が終わると「AをBにする」「CをDにする」「EをFにする」「GOALを達成する」といったカードが下から上に連なり、「風が吹けば桶屋が儲かる（AをBにすることで結果的にGOALを達成する）」というストーリーが見えてくる。

セッション形式で皆が参加して実施するなら、目的を高く掲げ、手段がそれを支える形になるように模造紙に貼っていくやり方を強くお勧めする。

「売り上げをアップする」というGOALに向けたアイデアを整理した例を挙げよう。営業担当者の外出時間を増やすために報告会議の廃止と出張の抑制が2本柱となっている。報告会議を廃止する手段としてテレビ会議の活用があり、その周辺にテレビ会議を成功させるアイデアが列挙されている。

図　目的手段展開図の例

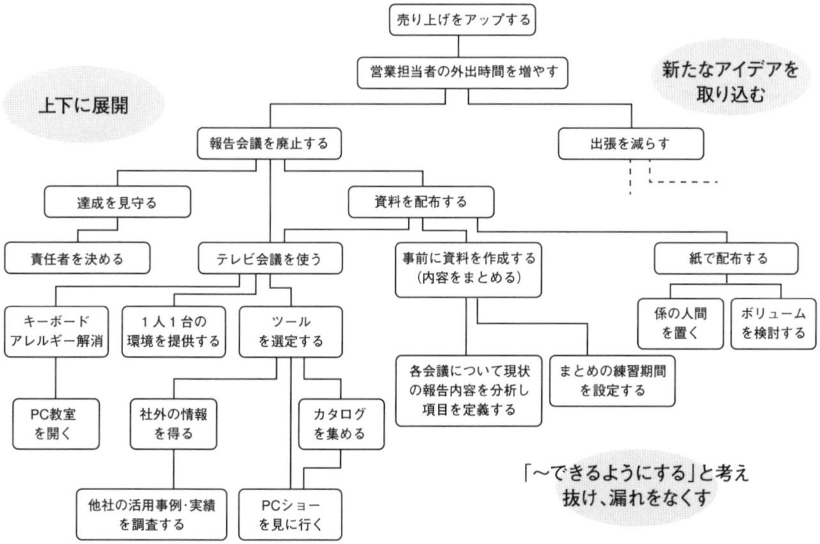

出所：筆者

アイデアを淘汰し、洗練する

目的手段を展開し、構造をつくるコツとして「アイデアの分割」と「淘汰と洗練」がある。「AをBにすることでCをDにする」という形式（文体）のアイデアは「AをBにする」と「CをDにする」に分割する。「A

をBにする」ことは他の目的の手段となり得るし、「CをDにする」ための手段は必ずほかにもあるからだ。

討議中に新たなアイデアがあればすべて加えていく。「AをBにする」以外に「A”をB”にする」といった他の手段を列挙し、採否を議論する。これが「淘汰と洗練」である。最終的に選択された手段の組み合わせにより、実現する価値が明らかになる。

図　アイデアの分解、淘汰と洗練

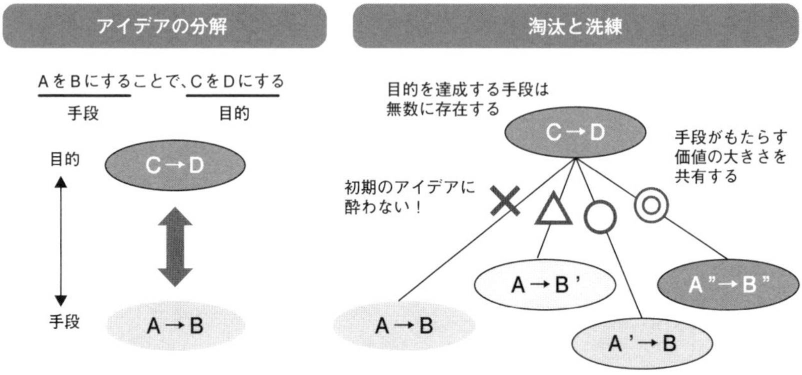

出所：筆者

同じ目的のための手段ばかりが重複したり、ある目的のための手段が何もなかったりという状況に陥ったら上位の目的を念頭に皆でアイデアを出し合い、「淘汰と洗練」を繰り返す。こうすることで抜け・漏れ・重複のないバランスの取れた全体像が共有できるようになる。

もう1つのコツとしてアイデアの実現時期で分類する手がある。施策の実現時期を思い浮かべると、短期に決めたり実行したりすべきことと、長く時間がかかりそうなことに大別できる。

図　実現時期で分類した例

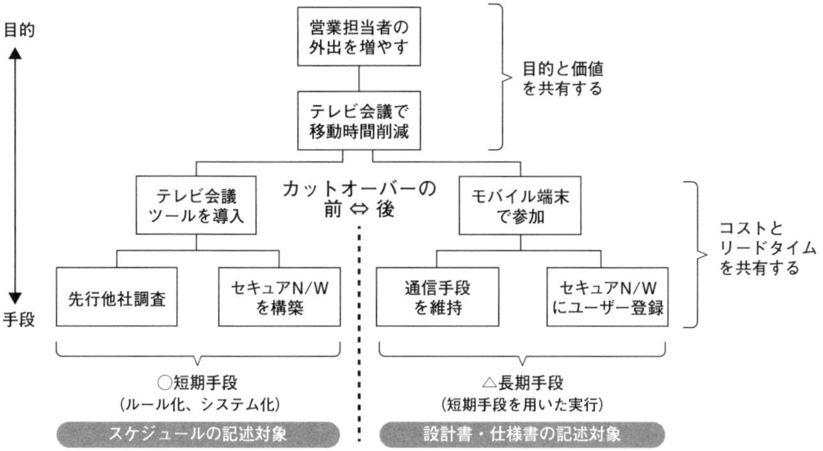

N/W：ネットワーク

出所：筆者

数多く出された施策のアイデアを例えば情報システムのカットオーバーの前後で分類してから検証すれば、プロジェクトがカットオーバーまでに成し遂げるべきことと、プロジェクトが実現するGOALがはっきりする。

短期手段はプロジェクト期間中のタスクとなり、長期手段は構築する情報システムの設計書・仕様書の記述対象になる。アイデアを分ける時期を複数想定し、施策を段階的に集約していけば、多段階を経て実現していく計画に展開できる。

注意点を挙げておく。プロジェクトでよくやりがちな、アンケートでアイデアを募集する場合、短時間で良いのでアンケート回答者をセッションに参加させ、自分が投じたアイデアがどこに位置付けられたのかを確認してもらう。意見や再提案は歓迎である。回答者抜きでアイデアを事務局などが整理し、淘汰と洗練によって置き換えると、その場にいない発案者は「採用されなかった」と受け止める。影の反対派を増やし、プロジェクトが失敗する環境を自ら作ることになりかねない。

プロジェクトのストーリーを描こう

目的と手段の構造が出来上がると手段を見える化できコストも明らかになっていくため、費用対効果分析が可能になる。「ストーリー」あるいは個々の施策それぞれに、価値とコストの定量化と時系列化を行い、プロジェクトのシナリオや企画書に展開する。

図　「プロジェクトGOAL共有」の流れ

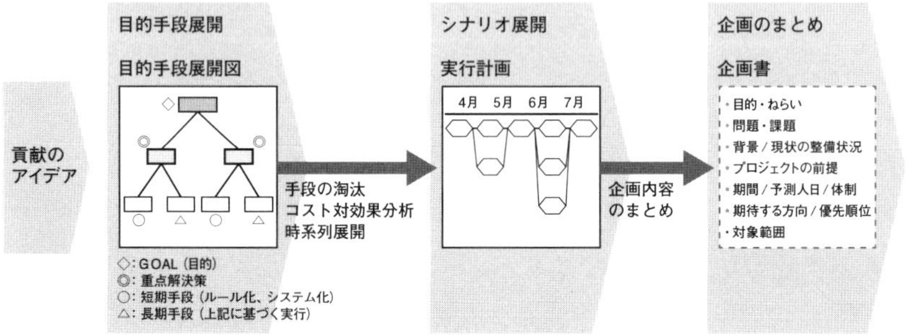

出所：筆者

マーケティングの分野で「ストーリーテリング」というキーワードが脚光を浴びた時期があった。これは情報システムのGOAL共有にも応用できる。皆で共有した議論の過程に基づき、淘汰・洗練を経て出来上がったストーリーは関係者一人ひとりが納得できるものに鍛え上げられていく。こうして納得のストーリーが満載されたプロジェクトのGOALにたどり着ける。

先鋭的なGOALを導くために

目的手段展開について「集団で検討し、洗練していくやり方で先鋭的なGOALが導き出されるのか」と疑問を持たれた方がいるかもしれない。デジタルトランスフォーメーションを名乗るのであればGOALは現業のあり方や体制に関して多かれ少なかれ「自己否定的」なものになるはずだが、実務者や管理者が集まって自己否定ができるのだろうか。

我田引水になるが、そこに外部から参加するファシリテーターの役割がある。例えば先鋭的なアイデアを持つ一部のコアメンバーと別途議論し、ストーリーを事前に共有、目的手段展開の際にメンバー全員を巻き込み、納得させる形で先鋭的GOALに誘導していく。

先鋭的なコアメンバーが不在の場合どうするか。どれほど保守的な社風の組織であっても自己否定の種が含まれたアイデアが出てくるものである。そのアイデアが発展するように話し合ってもらったり、他の業界の先行例や類似した問題の解決事例などを紹介したり、勇気づけたり、煽ったり、あの手この手を使って議論を盛り上げる。

コロナ禍と言われる中でプロジェクト関係者全員が一堂に会し、付箋紙と模造紙を使ったセッションなど実施できない、と感じた方もいるだろう。会議室だけで構造の整理ができないことも多く、休憩中にタバコ部屋で話をしたり、飲み屋で続きを議論したり、といった補助手段も持ち出すことになるのだがコロナ禍の中、いずれもやりにくい。

それでも会議室の議論だけはぜひとも実施してほしいと筆者は強く思っている。大きめの会議室を広々と使ってディスタンスを保つなど工夫の余地はいくらでもある。

場数を踏めば踏むほど目的手段展開の腕が上がる。筆者の経験によると、手を動かしながら行う数回の思考体験により、図的かつ構造的な発想で物事を認識・整理できるようになる。やってみると実感できるが手段からGOALまでアイデアを整理していくことは一種のゲームであり、なかなか楽しい。

プロジェクトが始まるがGOALが共有できていない、もう始めてしまったがGOALがはっきりしない、という立場の方は目的手段展開に挑戦し、楽しんでいただきたい。GOALの共有どころか、かえって紛糾し、失敗するリスクはあるもののGOALをうやむやにして進めるリスクよりはるかに小さい。

広義の情報システムにこだわる

筆者の肩書きは「システム・コンサルタント」である。ここでいうシステムは広義の情報システムであり、その中心にいる「人」のために情報は形作られ、やり取りされる。このこだわりは筆者のアイデンティティーになっている。

肩書だけでは色々なことを想起させてしまうので、初対面の場では広義の情報システムと情報へのこだわりを極力お話するようにしている。大阪で開かれた「IT勉強宴会」に初めて参加した際もそうであった。「東京から来たコンサルタントです」と自己紹介をしたが、実務家が集まった場では、なんともしっくりこなかった。

そこで情報システムと情報の定義から話し始め、情報の本質は人とデータのかかわりである。人を中心として業務を見直そうと考えるからこそデータモデリングが重要になる、と話をした。語り終わったとき、多くの論客と意識を共有できたと思う。

第9章

「RDB生みの親」の提言から50年、データの泥沼から出られない日本企業

三輪 一郎
プライド執行役員　シニア・システム・コンサルタント

第9章で示す勘所

- 業務ルールを表現する概念データモデルとDBMSに実装するテーブル構造の仕様を表す物理データモデルの中間に、セキュリティーやガバナンスを実現するための論理データモデルを置く

- ビジネスに新たな施策やルールが反映されると概念データモデルも変化する

- データモデルは業務ルールを写し取れる、ただしその表現力には限界がある

- 「データモデル」には本来、図だけではなく、各種説明書も含まれる。すなわち「データモデル＝データダイヤグラム+各種定義書」である

- エンジニアリングとは「反省＆検証＆積み上げ方式」

「将来、大規模なデータバンクにおいては、データがマシン内でどのように編成されているか（内部表現）について、ユーザーが意識しなくて済むようにしなければならない」

これはリレーショナルデータベース（RDB）の生みの親、エドガー・フランク・コッド博士が1970年に発表した、いわゆる「コッド論文」の冒頭にある言葉である。原文は次の通りで筆者が訳した。

“Future users of large data banks must be protected from having to know how the data is organized in the machine（the internal representation）.”

コッド博士の提言を実現するには、ビジネスの現場を担うユーザーが理解でき、場合によっては自ら記述できるデータの定義と、定義に沿ったデータをつくり出し、処理する情報システム（データベースを含む）の両方を用意しなければならない。

例えば、ユーザーが分かる定義を登録すると、システムの内部で変換して、データベース管理システム（DBMS）につないでくれる。業務が変化した場合、ユーザーは定義を変更するだけでよい。また、情報システム側の都合でDBMSを入れ替えても、ユーザー側の定義には影響しない。

コッド博士の提言から50年を経て、我々はこれを実現できたのだろうか。50年、我々は何をしてきたのか、と暗くなってしまうほどほとんどできてはいない。

しかも最近になって“Data is the New Oil.”といった言葉や書籍『無形資産が経済を支配する』（ジョナサン・ハスケル、スティアン・ウェストレイク著、山形浩生訳、東洋経済新報社、2020）が登場し、情報システムの専門家以外からデータマネジメント重視論が盛り上がり始めている。

これを受け、ユーザーは「自分たちのデータはどこにあるのか」と言い出している。こう尋ねられた情報システム担当者やIT企業のエンジニアがDBMSに実装するための工夫を盛り込んだ図(データダイヤグラム)を見せたとしても、ユーザーは自分に関係する資料とは思わない。

コッド博士は50年後に、そんなことが起こると予感していたのだろうか。

概念データモデルを描いているか

「ビジネスの現場を担うユーザーが理解でき、場合によっては自ら記述できるデータの定義」として概念データモデルがある。業務ルールを表現するモデルだ。これに対し、DBMSに実装するテーブル構造の仕様を表すのが物理データモデルである。両者の中間に、セキュリティーやガバナンスを実現するための論理データモデルを置く。

本書の筆者である「IT勉強宴会」のメンバーは、「データの構造」を通じてビジネスを捉えることに1つの軸足を置いている。概念/論理/物理の各データモデルはそれぞれに目的と論点があり、厳密に描き上げなければならない。概念データモデルの目的は、ユーザーが認識している業務ルールを精密に写し取ることである。

だが、概念データモデルを描ききっている事例はめったに見かけない。概念データモデルでビジネスモデルをしっかり表して、それをユーザーと共有してから、実装に近づける工夫をすればよいのだが、出来上がりに近くなってくるとつい、実装につなぐためのアイデアに頭がいってしまい、正規化崩しやら非正規化とやらと言ってモデルをごちゃごちゃにしてしまう。「概念→論理→物理」と言っていても描き分けていないし、描き分けて継承する方法も確立していない。

ビジネスが変わるとモデルも変わる

ビジネスに新たな施策やルールが反映されると概念データモデルも変

化する。その例を見ていただこう。データモデルを使ったことがない方も図をながめていただければ雰囲気が分かると思う。図法については、特定の手法にこだわらず、上段にエンティティー名、中段にキー項目、下段に属性項目を配置し、1：nの関連を矢線で結んだ簡便法を使う。

「勉強宴会カンパニー」は精肉、鮮魚、青果を得意とする3社の食品卸が合併してできた総合食品卸である。合併前の各社にもそれぞれ業務ルールがあったが、共通していたのは下記の構造である。

図　「勉強宴会カンパニー」の発足当初のデータモデル

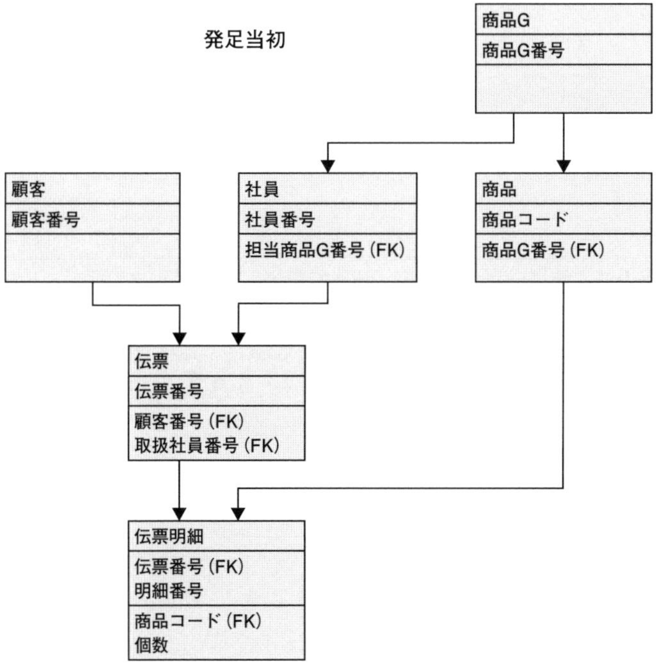

出所：筆者

合併前の各社が取り扱っていた精肉・鮮魚・青果の各商品は「商品G（グループ）」に集約された。「商品G番号」が1であれば精肉、2なら鮮魚、

3なら青果とする。営業担当社員には、出身母体により担当商品G番号が割り当てられた。

攻めの新施策を表現する

合併間もない勉強宴会カンパニーでは、発行する伝票こそ統一されたものの、肉は精肉の営業社員が売り込み、魚は鮮魚の営業社員が売り込むといった具合で、同じ顧客にもばらばらに接していた。そのため、旬の鍋ものに合わせて魚と野菜をセットで提案するといった合併のシナジー効果を発揮するには至っていない。そこで検討チームが発足し、以下の2つの施策が検討された。

施策1：アカウントチームによるクロスセルの推進
現状：顧客に対して、担当商品G（出身会社）別の売り込みしかしていない。
方針：同じ顧客を担当する社員同士でアカウントチームを結成し、クロスセルを推進する。

施策2：ソムリエ制度による社員のマルチ担当化
現状：出身会社により、社員ごとに担当商品Gが決まっている。
方針：商品Gの試験（ソムリエ）に合格した社員は、出身会社が扱っていた商品Gに限らず、その商品Gを担当することができる（1人で複数の商品Gを担当できるようになる）。

上記の方針に沿って、どのような業務ルールを設定すれば新たな施策を実行に移せるかが議論され、データモデルにも随時反映された。「検討中」と「検討結果」の2段階のモデルを以下に示す。左にある「検討中」のモデルには、施策のアイデアが出される都度追記しているので冗長な部分がある。それを整理したものが右の「検討結果」だ。

ここで2つのモデルから、どのような議論が展開されたのか、想像してほしい。できればすぐには読み進めず、しばらく2つのモデルをにらみ、考えたことをメモしていただけるとよい。

図　「検討中」（左）と「検討結果」（右）のデータモデル

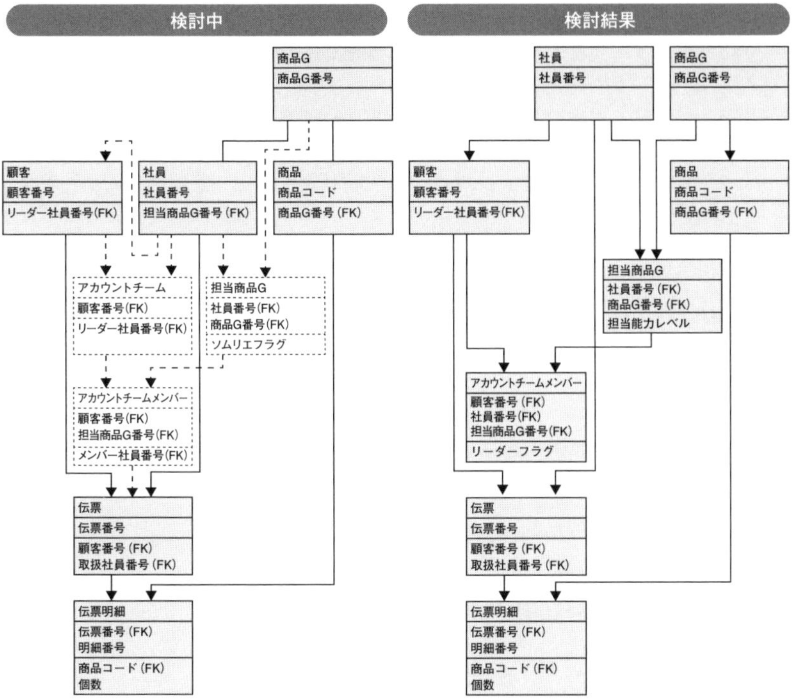

出所：筆者

　メモしていただけただろうか。では議論の結果をお伝えする。検討により定められた新ルールは以下の通りだった。皆さんは、このような議論の変遷、あるいはルールを正しく想像できただろうか。

施策1：アカウントチームによるクロスセルの推進のための新業務ルール	
ルール1	顧客単位にアカウントチームを結成し、メンバーのうち1人がリーダーになる。
ルール2	リーダーはソムリエ試験に合格している者とする。
ルール3	伝票を起票できるのはアカウントチームのメンバーのみとする。

施策2：ソムリエ制度による社員のマルチ担当化のための新業務ルール	
ルール4	能力の高い社員は試験によりその商品Gのソムリエとして認定される。
ルール5	ソムリエ資格があれば、複数の商品Gを担当し、インセンティブが得られる。
ルール6	ソムリエ試験合格前でも、3年以上の経験があれば商品G担当者として認める。
ルール7	年次の浅い社員はメンバーとして商品Gを担当する能力がないため、年次の浅い社員を含むアカウントチームでは商品G数より人数が多くてもよい（育成が目的である）。

社員別商品G別担当能力のレベルは3段階とする
レベル1：見習い中：年次が浅く、担当商品Gの担当者としての能力がない
レベル2：商品G担当可：3年以上の経験があり、商品Gを担当できる
レベル3：ソムリエ：試験に合格している（初期に担当した以外の商品Gも担当できる）

図だけですべてを表現できない

多くの方は、上記の業務ルールを見て、「いつの間にか担当能力レベルなんて聞いたこともない項目が出てきた。そんなことは図からは読み取れない」と思ったのではないだろうか。

「ルール1」は検討中の「リーダー社員番号（FK）」という属性名から想像できなくもない。だが「ルール2」は全く読み取れない内容である。また、「顧客」「社員」「伝票」を結ぶ関連の線は初期のモデルと同じであり、「ルール3」の意図はくみ取れない。

「ルール4」はそうなのかと納得できなくもないが、「ルール5」は図に全く反映されていない。「ルール6」や「ルール7」に至っては説明文がないと理解できないだろう。「ソムリエフラグ」が「担当能力レベル」に置き換わった経緯も図からは読み取れない。

さらに言えば、ルール3はそもそも、データモデルでは表現できないルールだ。「アカウントチームメンバー」エンティティーと「伝票」を結ぶ関連の線を引きたくても、「社員番号+担当商品G番号」というキーの組み合わせが「伝票」エンティティーには存在しないからだ（ユーザーが「伝票と認識したモノ」は正規化により「伝票」と「伝票明細」に分離されている）。

実務者が知るべき限界

ここまでで2つのモデルについて考えてもらった狙いは、データモデルは業務ルールを写し取れる、ただしその表現力には限界がある、という2点を理解していただくことであった。

一般にデータモデリングといわれる活動の成果物として認識されているダイヤグラム、すなわち、ER図やTHモデル、IDEF1XやTMなどの図 ── データダイヤグラムと呼ばれる── は業務の仕組みを表せるが、すべての情報を表現できるわけではない。

クイズの中で示した業務ルールは図（データダイヤグラム）からは読み取れない重要な設計情報である。しかも時間がたてば、ユーザーも正確に再現できなくなる可能性がある。

定義書が重要な役割を果たす

図だけでは表現できない設計情報は何に託せばよいのか。筆者が現場を支援する際には通常、以下の成果物を作成する。

概念データモデリングの必須成果物

成果物	補足
データダイヤグラム	ユーザーが理解できる、業務で扱うデータを整理する
プロセスとのCRUD	プロセスとの整合性（Create, Refer, Update, Delete）
データ定義	エンティティー定義/データ項目定義/ドメイン定義を含む

データ制約定義	プライドでは13分類67パターンに整理している
コード設計書	コード問題の解決策にかかわる説明を含む
SPFチャート	入出力定義書の導出ロジック記述で代替可

（出所：レベルアップマテリアル「データ完全性パターン（2019年）」、プライド）、SPF：Schema Process Flow chart

「プロセスとのCRUD」、「データ定義」は必須である。実装への橋渡し資料として「論理データモデル」や「物理データモデル」、「実装方式のガイド類」、「物理系の設計書」も求められる。さらに「情報要求定義関連」「サブジェクト図」「メタデータ関連」「ビジネスインテリジェンスやデータウエアハウスのデータ分析およびインターフェース方式（変換仕様）」「オープンデータ等のリファレンスデータ仕様」が必要となる場合が想定される。プロジェクトの特性や適用する企業のIT環境に配慮して、要否を選択することになる。

筆者の経験上、テーブル定義書はよく見かけるがエンティティー定義書はほぼ見かけない。データ項目の型桁定義はよく見かけるがデータ項目定義書はほぼ見かけない。

例えば「社員エンティティーの説明：社員を管理する」「顧客名のデータ項目名の説明：顧客の名称」としても定義したことにはならない。社員エンティティーについては、役員は入るのか、パートは入るのか、契約社員は入るのか。インターンに貸し出す入館証の扱いはどうするのか。非正規から正規雇用に切り替わった社員の年金はどうするのか、このあたりを検討し、記述しなければならない。

顧客については、登記名か俗称でも認めるのか、株式会社を含むのか、前株後株は区分にするのか、スペースは入るのか、読み仮名・短縮名・略称はどうするのか、といったことを定義する。

このようにデータモデルには本来、図だけではなく、各種説明書も含まれる。すなわち「データモデル＝データダイヤグラム＋各種定義書」

である。第一歩としてデータダイヤグラムはぜひ書いてほしい。その上で、ダイヤグラムだけでは表現できないことは定義書にきちんと書いてほしい。

ユーザー企業とIT企業に役立ててもらおうと、筆者が所属しているプライドはこうしたノウハウを「AxSEM」という方法論にまとめた。「AxSEM」はAxiomatic Systems Engineering Methodologyの略である。Axiomaticは「公理に基づいた」という意味であり、今まで経験則に頼りがちだった情報システムづくりのアプローチに、普遍的な原理・原則に基づいたエンジニアリングの思想を取り込んでいる。

エンジニアリングとは「反省＆検証＆積み上げ方式」だと思う。何かの手法を使ってみて悪いところは反省しつつ、その中に1つでも継承すべきものがあれば土台や基礎にしっかりと埋め込んでその高さ分だけは稼ぎ、1ミリメートルでも高くなったところから後輩に後を託したい。

オープンシステムの登場以来、IT業界は新しいものが出てくるとそれまでの経験も知識も体験もノウハウもすべて捨て、目新しいものにくら替えしてきた。ERPパッケージの登場がデータモデリング不要論を生み、ノウハウの積み上げと継承を途絶えさせてしまった。こういう「くら替え方式」あるいは「賽（さい）の河原方式」では、50年やっても何も残らない。

もちろん古いから何でもよいというものではない。だが役に立つものは確実にある。

第10章

設計者やプログラマーは「見えない問題の探求者」、創造の暗黙知を継承せよ

久保 敦啓
オープンソースソフトウエア開発者

第10章で示す勘所

・暗黙知があるから、設計者やプログラマーは全体を掘り出せる

・当初の問題は一旦分解され、「一貫した全体」であるモデルを使って再構築・再定義されている

・モデルは、意図的に設計できるものではなく、「我意」のない設計により「創造」されるものである

・プログラミングの領域における有力な知識・技能の伝達方法として、ペアプログラミングを挙げておきたい。プログラミングに限らずシステム設計やモデリングをする場面でもペア作業は伝達に有効だろう

・「課題やテーマを共有しながら自由にざっくばらんに話し合い、深いところにある答えを探り出していくワイガヤ」は暗黙的な知識伝達の場として考えられる

ライブモデリングをご存じだろうか。データモデラーが前に立ち、出席者からいきなり出される業務上の課題を聞き、「それならこういう業務処理をすればいいのでは」と答え、データモデルを60分くらいで書き上げるイベントである。

さらに30分ほど延長し、ローコード開発ツールを使ってモデルから動く業務システムを生成する場合もある。データモデルさえしっかりしていれば、ツールを使って短時間で実装ができてしまう（データモデルはドメイン駆動設計の文脈でいうドメインモデルに相当する）。

問題はしっかりしたデータモデルをどう作る、あるいは創るかである。できる人はどうやっているのだろうか。IT勉強宴会で、本書の執筆者でもあるデータモデラーの渡辺幸三氏によるライブモデリングを数回体験したところ、強い印象を受けた。

その場でお題を聞いた渡辺氏は、「こういうことですね」と問いかけるような、独り言のような口調で話しながら、ホワイトボードにモデルを手書きしていく。当初はモデルの「断片」が書かれ、いつの間にかお題に応える業務システムのモデル「全体」が完成する。

書いてはちょっと消し、書いてはちょっと消しという流れで進むが、渡辺氏が道に迷っている感じはしない。彼の所作は、まるで夏目漱石が書いた『夢十夜』の第六夜に出てくる、木の中から運慶が仁王を鑿（のみ）と槌（つち）で掘り出す場面のようだった。

漱石は「あれは眉（まみえ）や鼻を鑿（のみ）で作るんぢやない。あの通りの眉（まみえ）や鼻が木の中に埋まつているのを、鑿（のみ）と槌（つち）の力で掘り出す迄（まで）だ。丸で土の中から石を掘り出す様なものだから決して間違ふ筈はない」と書いた。渡辺氏の場合もホワイトボードからデータモデルの「全体」を掘り出したように見えた。

筆者はオープンソースソフトウエアを開発している。プログラムを書く中で、全体を掘り出す感覚をたびたび経験してきた。例を挙げると、2015年からBPMN2（ビジネスプロセスモデリング表記法2.0）にのっとったワークフローエンジンWorkflowerの開発を始めた際、ひとまず断片から書き始めると、エンジンの中核となる実装モデルが半ば自動的にできてくる感覚があった。あらかじめ明確なモデルが見えていたわけではない。

この感覚は何なのだろう。2年ほど前、ハンガリーの科学者で哲学者のマイケル・ポランニーによる『暗黙知の次元』(高橋勇夫訳、筑摩書房、2003) という本を読み、分かったと思った。暗黙知があるから、設計者やプログラマーは全体を掘り出せる。

本稿では『暗黙知の次元』を引きつつ、情報システムの設計やプログラミングにおける「創造」がなぜ起きるのか、その前提となる知識・技能をどう継承するのか、といったことを考えてみたい。

「言葉にできるより多くのこと」がある

『暗黙知の次元』はポランニーが1966年に出版した“The Tacit Dimension”の翻訳である。読み始めると冒頭に次の宣言があり、引き込まれた。

私は人間の知を再考するにあたって、次なる事実から始めることにする。すなわち、私たちは言葉にできるより多くのことを知ることができる。

(『暗黙知の次元』p.18)

人は顔を見分けることができるが、その見分け方を記述することはできない、という例をポランニーは挙げている。筆者なりの例を挙げてみよう。多くの人は自転車に乗ることができるが、乗り方について記述するのは極めて困難である。

ポランニーは、人には言語化できない暗黙的な認識の作用があり、それが人の知識・技能において重要な役割を果たしていることを同書の中で示した。人の技能(スキル)は身体的な活動だけでなく、創造や発見など知的な活動にも使われる。後者のおそらく大部分にも暗黙的な作用が働いている。

「些末な事柄の孤独な暗示」から設計が始まる

IT勉強宴会で語られるトピックの中心は、エンタープライズシステムのデータモデル設計である。筆者が考えるに、データモデルの設計者は何らかの問題に対峙したとき、その解決となるようなモデルをおぼろげながらも予期する。その場面において暗黙知は最も重要な役割を果たす。

それは、問題の孤独な暗示、すなわち隠れたものへの手掛かりになりそうな種々の些末（さまつ）な事柄の孤独な暗示から、始まるのである。それは未（いま）だ知られざる、一貫した全体の、断片のように見える。

（『暗黙知の次元』p.125）

そのような場面において、設計者やプログラマーは、自身の知識・技能を暗黙の認識の道具として用いながら、隠された「一貫した全体」である何らかのモデルを予期している。

当初の問題はこの過程で一旦分解され、「一貫した全体」であるモデルを使って再構築・再定義されている。そもそも私たちが何かを理解するとき、その対象は私たちの心の中でそのままの形で認識されているのではなく、一旦分解され、私たちの内に再構築されているのだ。

我々は「不自由な創造」に取り組んでいる

設計者は自身の知識・技能を暗黙的に駆使して、モデルを設計する。ここまではよしとしよう。すると疑問が出てくる。設計者は自分の意のままに自由に作りたいものを作っているのだろうか。

ポランニーは科学者の発見について次のように述べた。

しかし彼が追求するものは彼の創意によるものではない。彼の行為は、

> 彼が発見しようとしている隠れた実在による影響を受けるのだ。科学者は問題を洞察し、それに囚（とら）われ続けて、ついには発見へと飛躍するのだが、それらはすべて、始めから終わりまで、外界の対象からの恩義を被っているのだ。したがって、こうしたきわめて個人的な行為においては、我意が存在する余地はまったくない。
>
> (『暗黙知の次元』p.127)

上記の「隠れた実在」をモデルに、「発見」を設計に、それぞれ置き換えてみると、設計者がどのようにモデルを設計するのかを説明した文として読める。つまりモデルは、意図的に設計できるものではなく、「我意」のない設計により「創造」されるものなのである。

これは物語創作において登場人物が勝手に動き、それらのかかわりで物語が作られる、という作家の感覚と似ていると思われる。前述の通り、筆者はプログラムを書く中でこのような感覚を経験してきた。

もちろん、創造は何の知識・技能もなしで起こるわけではない。創造はその人が持つ知識や技能からの探究可能性によってもたらされる、とポランニーは指摘した。

> 理論には「不意の確証（surprising confirmations）」が存在する、とよく言われる。コロンブスによるアメリカの発見は、地球は丸いという理論の不意の確証であった。電子線回折はド・ブロイの物質波理論の不意の確証であった。遺伝学の発見はメンデルの法則の不意の確証をもたらした。あらゆる科学的発見の内に、このような実例が存在する。つまり発見は、現行の知識が示唆する探究可能性によって、もたらされるのである。
>
> (『暗黙知の次元』p.112)

筆者の例でいうと、ワークフローエンジンのコードを書き進めるにつれ、エンジンの基盤に採用した拙作のステートマシンStagehand_FSM、そして当初にエンジンを組み合わせる想定のアプリケーションフレームワーク、それらに対する筆者の知識・技能によって、到達可能な可能性の中にあるいくつかの「全体」のどれかに照準が定まり、その「全体」に誘導されたのだと思われる。

知識・技能をどう習得するか

優れたモデルを発見する（創造する）前提となる知識・技能はどうすれば身に付けられるのか。

再び、自転車を例に考えてみよう。「乗り方について記述するのは極めて困難」と先に書いたが、仮に誰かが説明書をつくったとしても、これから自転車に乗ろうとする者がそれを読み、自分だけで乗る練習をしようとは考えない。いや、考えるかもしれないが、実践に移すとすぐに困難に直面するだろう。

自転車に乗れるようになるには、親や兄弟、友人といった、すでに自転車に乗れる、お手本となる人物の指導が欠かせない。指導者が自転車に乗るさまを観察し、補助を受けながら乗り始め、そしてついになんとか1人で乗れるようになる。

このような暗黙知を学ぶ仕組みについてポランニーは以下のように述べている。いささか難解な文章の長い引用になるがぜひ熟読していただきたい。

自転車の例えでいうと「包括的存在」は自転車に乗ること、「行為者」は自転車に乗ってお手本を示す人、「観察者」はこれから自転車に乗ろうとする人、をそれぞれ指す。

同じ包括的存在（comprehensive entity）の認識を、二人の人間が共有している状況── 一方がそれを作り、他方がそれを理解する──を考えてみよう。（中略）この状況独自の特性をもっとよく知るためには、一方の巧みな行為を他方が理解していく仕組みを考察してみるとよい。

> *観察者は、行為者が実践的に結合している諸動作を、まずは心の中で結合してみる、そして次に、行為者の動作パターンをなぞって、諸動作を結合しなければならない。二種類の内在化が、この地点で、遭遇する。行為者の方は、身体の諸部位としての諸動作の中に内在化することによって、自分の諸動作を調和的に取り仕切っている。他方、観察者は、外部から行為者の諸動作の中へ内在化しようとして、その諸動作を相互に関連づけようと努めることになる。観察者は、行為者の動作を内面化することによって、その動作の中へ内在化するのだ。*
>
> *(『暗黙知の次元』pp.56-57)*

情報システムを設計し、プログラミングをするという我々の職能に当てはめて考えると、Webで見つけた解説や書籍などの文献を読むだけでは、このような内在化は難しいと思われる。

我々が観察者として何かを学ぼうとするとき、自転車の乗り方を観察させてくれる行為者が必要になる。プログラミングの領域における有力な知識・技能の伝達方法として、ペアプログラミングを挙げておきたい。

さらにいえば、プログラミングに限らずシステム設計やモデリングをする場面でもペア作業は伝達に有効であろう。ペア作業が難しい場合、冒頭に挙げたライブモデリングのように、熟練者のモデリングを近くで観察することが良い代替になるはずだ。

暗黙知を継承するコミュニティーに参加しよう

ポランニーは世代間の知識の伝達についても言及している。

> *私たちはこう結論せざるを得なくなるだろう。すなわち、一つの世代から後続の世代への知識の伝達は、主として、暗黙的なものである。*
>
> *(『暗黙知の次元』p.103)*

暗黙的なものは文書だけでは伝えられない。ポランニーは偉大な発見には科学者のコミュニティーの存在が不可欠なことを明らかにした。そして「見えない問題を見て、自分自身の責任においてそれを探求する」社会を「探究者たちの社会」と呼んだ。

本書のはじめにで言及されている「課題やテーマを共有しながら自由にざっくばらんに話し合い、深いところにある答えを探り出していくワイガヤ」は暗黙的な知識伝達の場として考えられる。

「ワイガヤ」の場が身近になければ、社外の勉強会やコミュニティーに参加することをお勧めしたい。筆者もそのような場で、これまでに多くのことを学んできた。

筆者自身、2015年から2022年まで7年間にわたって「マルチパラダイムデザイン読書会」という読書会を主催してきた。認定スクラムマスター研修のため何度も来日した経験があるコンサルタントのジェームス・O・コプリエンが書いた『マルチパラダイムデザイン』(金沢典子、羽生田栄一、平鍋健児訳、ピアソン・エデュケーション、2001)を熟読すべく有志で始めた会である。

これまで『Extreme Programming Explained:Embrace Change 1st edition』(Kent Beck, Addison-Wesley, 2000)、『レトリックと人生』(ジョージ・レイコフ他著、渡部昇一他訳、大修館書店、1986)、『時を超えた建設の道』(クリストファー・アレグザンダー著、平田翰那訳、鹿島出版会、1993)、そして『暗黙知の次元』まで、月1回のペースで読んできた。その後、『身体化する心』(フランシスコ・ヴァレラ他著、田中靖夫訳、工作舎、2001)を読み終え、現在は次の本の下準備中である。

『暗黙知の次元』を読むきっかけは2018年7月、京都大学で開催された研究会に読書会の友人らと参加したことである。研究会のテーマは「比喩と創造性」で、日本語用論学会メタファー研究会と京都言語学コロキアムによって開催された。

ポランニーの「暗黙的認識（tacit knowing)」を中心に展開された、橋本敬氏の講演「創発と暗黙的認識」に感銘を受けた筆者たちは、その日のうちに『暗黙知の次元』をネットで注文し、次の課題図書として皆で読み込むことを決めた。

我々設計者やプログラマーも世界へのインパクトの違いこそあれ、何らかの発見・創造を目指して日々取り組んでいる「探求者」であることに変わりはない。知識・技能、そしてそれらを包含する場としての文化の継承は世代を超えた共通の使命といえる。我々自身がコミュニティーの一員として、その責を担っているのである。

第11章

ジャック・ウェルチをぎゃふんと言わせた、伝説のコンサルに学ぶ「方法論」の本質

中西 昌武
名古屋経済大学名誉教授

第11章で示す勘所

・どの世界でも手法や技術は移ろうが、方法論の核心部分は陳腐化しない

・システム設計は問題点やニーズの解明から手がけることが多いと思うが、ブライスの考えは違う。「利用部門がどんな情報が欲しいのかを解明せよ。それがすべてだ」

・情報要求が真正と分かったら、データ要素を解明する。ここで認定されたデータ要素は利用部門のお宝だから、どんどん定義し、利用に備える。データマネジメント部門を設置し、権限を与える

・データマネジメントで大切なのは業務間の共有データ要素をしっかり把握することだ。システムによって業務を安全に連動できるように設計するには、共有データ要素の挙動から絶対に目を離してはいけない

・システムを工業製品ととらえる。言い換えるとシステムを利用部門の目に見える構造物として表現する。利用部門自身が責任をもってマネジメントしやすい構造にしなければならない

「あなたは化学工学のPhD（博士号）をお持ちだが、元素は全部でいくつあるかご存じか？」

1980年代から約20年にわたって米ゼネラル・エレクトリック（GE）を率いることになる伝説の経営者、ジャック・ウェルチにこう尋ねたコンサルタントがいた。

ウェルチは鼻で笑い、正解を即答したという。するとコンサルタントはさらに問いかけた。

「では、GEの業務が扱うデータ要素数をご存じか？」

返答に困るウェルチを見て、そのコンサルタントはにやりと笑い、自分の見立てではこれくらいの数のはずだ、と言い切り、こうたたみかけた。

「自社にあるデータ要素数すら分からずに、どうして全社のシステム開発を統制できるのか？」

こう迫られたウェルチはそのコンサルタントから「PRIDE」という商品を買うことを決めた。実際にGEが分析を進めてみると、データ要素数（正確には論理的なデータ要素数）はコンサルタントが言った数に近いことが判明したそうだ。

このコンサルタントの名前はミルト・ブライス、彼が1971年に世に送ったPRIDE（profitable information by design）は世界初の商用システム開発方法論として知られている。

ブライスはGEにPRIDEを売り込もうとし、商談の最終局面でウェルチと対峙した。ウェルチはまだGEのCEO（最高経営責任者）に就任しておらず、副社長だったと思われる。ウェルチから「PRIDEというのはどういう商品か」と問われ、ブライスは「システム開発の考え方をお売りするものだ」と答えたのだが相手にされなかった。そこでブライスは前述の絶妙の問いかけをして、成約を勝ち取ったと言われている。

ブライスは米国の情報システムの世界では立志伝中の人物で、何万という人が彼のPRIDEトレーニングを受講した。『顧客が本当に必要だったもの』と呼ばれる、木にさまざまなブランコがぶらさがっている6点のイラストを考案したのも彼だ。顧客が望んでいる情報システムとは全く異なるものが出来上がってしまうという有名なイラストである。

ブライスは『ブライスの法則』（BRYCE'S LAWS）と呼ばれる、一種の語録を残している。“Data is stored, Information is produced.”とか、“Information is for people, not for the computer.”とか、多くを考えさせる言葉がいくつもある。

IT勉強宴会は2020年10月、「ブライスの法則をつまみに盛り上がりましょう」という会合を開いた。筆者が情報システム学会で主催している方法論科学研究会はIT勉強宴会と共同で、ブライスに関する勉強会を開いている。

彼の経歴と主張は著書Milt Bryce & Tim Bryce, “The IRM Revolution ── Blueprint for the 21th Century,” An MBA Publication, 1988（『IRM ── 情報資源管理のエンジニアリング』、松平和也監訳、日経BP社、1990年）に詳しい。残念ながら今では入手困難なので、知的財産に配慮しつつ、ブライスの主張の根本について解説してみる。

利用部門が責任をもってシステムに立ち向かえる方法論

なぜブライスを紹介するのかというと、今、改めてシステム開発方法論について考えてほしいからだ。どの世界でも手法や技術は移ろうが、方法論の核心部分は陳腐化しない。

システム開発方法論と聞くと、ウオーターフォール開発やDOA（データ中心アプローチ）、スクラムなどを頭に浮かべることが多いだろう。そのこと自体を否定するつもりは毛頭ないが、「方法論」（methodology）という言葉には、手法や思考を組み立てる原理となる、一段上（メタ）の哲学や思想という含意がある。

欧米の知の世界では方法論を語れない者は議論で相手にされない。ブライスの慧眼（けいがん）と功績は、システム開発にも方法論があるはずだと気付き、実際に商品としてパッケージしたことにある。

筆者は彼の孫弟子にあたる。たまたま大学院で科学方法論に親しんでいたので、社会人になってPRIDEに触れたとき、システム開発の世界にも方法論があると知って納得し、科学方法論の知見を駆使して吸収に努めた。

PRIDEが誰のためのツールか確認する。システムを使って新たな経営価値を実現するのは利用部門だから、情報要求を出すのも仕様確定するのも利用部門の責任だ。PRIDEは利用部門が主体的責任をもってシステム開発に立ち向かうための方法論であり、個別の分析手法や開発手法の一段上のマネジメント体系と言えるだろう。

はじめにコンセプトありき

PRIDEが単なるシステム開発の標準手順書でなく、方法論であることを理解するには、PRIDEの根幹をなすコンセプトから入るのがよい。コンセプトを起点として、状況にかなった手法を導出できるし、適切にカスタマイズもできる。

ここではPRIDEのコンセプトのうちデータモデルに関係する3つ、――「情報駆動設計」「データマネジメント」「標準システム構造」を取り上げる。

①情報駆動設計（information driven design）

システム設計は問題点やニーズの解明から手掛けることが多いと思うが、ブライスの考えは違う。「利用部門がどんな情報が欲しいのかを解明せよ。それがすべてだ」と主張する。

ブライスは「情報要求をまず書きとめ、どこまで真正か徹底的に追求せよ」と教える。情報要求が真正（本物）とは、その情報が欲しい理由がはっきりしていることだ。欲しい理由は業務改善のためかもしれないし、部下をより深く理解したいからかもしれない。なんだか分からないが、カンが鋭い社長が無性に知りたいと言っている、ということかもしれない。

どのような動機にせよ、情報要求がバシッと分かれば、実現すべきデータ要素と提供すべきタイミングを特定できる。特定できなければ、まだ情報要求ではない。動機とデータ要素と提供タイミングは相当にしつこく追求する。

特定できれば、どのような方法で提供するかが次の検討課題となる。もし情報要求が真正でなければ、システムは不必要なデータを入出力する、役立たずの装置でしかない。ブライスの口癖は「ゴミを入れてもゴミしか出ない」だった。

彼の発想は現状のシガラミから自由だ。今はないが、その情報があったらうれしい、といった理想の要求であっても取り込める。もちろん、現実にその情報を用意しなければならないが、人間の知性はそうした「現実的な理想」を洞察できると彼は信頼していた。

②データマネジメント（data management）

情報要求が真正と分かったら、データ要素を解明する。ここで認定されたデータ要素は利用部門のお宝だから、どんどん定義し、利用に備える。データマネジメント部門を設置し、権限を与える。

ブライスはPRIDEをつくる数年前（1965年～1968年）――コッドのリレーショナル理論はまだ現れていない――、食品大手の米クエーカー・オーツ・カンパニーで情報システムの責任者を務めている。その際、データマネジメント部門の設置を建言し、IDS（integrated data store、GEが開発したDBMSの草分け）とDD/DS（data dictionary/directory system、今で言うリポジトリー）を併用した。

この成功体験があったのでデータマネジメントに自信があり、ウェルチをぎゃふんと言わせ、GEとの大型商談を早々にまとめられたのだ。こうして彼の方法論ビジネスの成功が約束された。

当時、GEの生産管理サービスグループは、ABC分析の生みの親であるH・フォード・ディッキーが構想したトータルシステムアプローチを推進中だった。この取り組みの中でGEはIDSを使った。IDSは米化学大手ダウケミカルのデータ処理マネジャーだった技術研究者のチャールズ・W・バックマンをヘッドハントして開発させたものだ。こうしたことに加え、ウェルチが認めたので、GEにPRIDEが一気に導入されることとなった。

データマネジメントで大切なのは業務間の共有データ要素をしっかり把握することだ。システムによって業務を安全に連動できるように設計するには、共有データ要素の挙動から絶対に目を離してはいけない。そのためデータ要素と諸資源のクロス・リファレンスをDD/DSに登録して自在に参照できるカルテとする。これがデータマネジメント部門にブライスが与えた武器だった。

ブライスはBG（basic grouping）という概念を用いてデータ要素を仕分けした。BGは対象をユニークに識別するデータ要素のことで、リレーショナルモデルの主キーに相当する。PRIDEのデータ分析シートを使えば、ボイス・コッド正規形までは容易に正規化できた。ボイス・コッド正規形までたどり着くと、熟練技術者がその先の高次の正規化に力を注ぎやすくなる。

ブライスはデータ要素間の主従関係の管理にはうるさかったものの、実装での徹底した正規化までは求めなかった。半構造データベースやオブジェクトデータベースのようなRDB以降の新しい方式にも対応できる考えだったと筆者は理解している。

ブライスは彼自身が実践したデータモデリング手法を一般化してPRIDEに組み込むことはしなかった。そのため、我が国ではTH（Tsubaki-Hotaka）法や、ピーター・チェンのER（entity-relationship）モデルをベースとする種々のデータモデリング手法がPRIDEと併用された。

③標準システム構造（standard system structure）

PRIDEはシステムを工業製品ととらえる。言い換えるとシステムを利用部門の目に見える構造物として表現する。利用部門自身が責任をもってマネジメントしやすい構造にしなければならない。

そこでブライスは「すべての情報システムは同一の4階層構造を持っている」と主張する。4階層とは、完成品、アセンブリー、サブアセンブリー、部品だ。このような4階層構造は普遍的であり、自動車、家電製品、船舶、高層ビルなどでも、そして情報システムにも認めることができるという。

そんなはずはない、うちの工業製品はもっと層が多いだの、さらに複雑だの、という声が出る。ブライスはもともと化学大手デュポンの技術部で育ったエンジニアだったから、そんなことは百も承知でこう言っていた。理由は、利用部門に明瞭な4階層を標準構造として与え、これに対象物を区画整理して投影し、利用部門が仕様と進捗をマネジメントできるようにすることだった。

システムを融通無碍（ゆうづうむげ）の構築物のまま扱うと開発プロジェクトは暗黒大陸となってしまう。そこで利用部門が絶対に関与すべき部分とそうでない部分を分離し、利用部門が開発のマネジメントに集中できるように構造を特化する。利用部門が見たり触れたりする部分はデータ要素と授受タイミングで保証し、それ以外の部分の仕様は隠蔽（カプセル化）する。

区画整理されたものは、あくまでプロジェクトマネジメントの単位としてふさわしい階層分割になっていなければならない。ブライスは以下の階層構造を提示した。

第1階層の対象「システム」：フェーズ1で解明する

特定の情報管理圏で区画された業務範囲で、利用部門の情報要求が湧きたつ場。情報要求はポンチ絵によっても肉薄しうる具体性を持たねばならない。

第2階層の対象「サブシステム」：フェーズ2で解明する

情報要求の実現プロセスを担当部署と実行タイミングで整理統合した業務処理区画。利用部門の責任でレビューし、承認する。

第3階層の対象「プロシージャ」：フェーズ3で解明する

情報要求を実現するサブシステムを人間とコンピューターでどのように分担すべきかを整理した区画。ここも利用部門の責任でレビューし、承認する。

第4階層の対象「作業ステップ」と「プログラム」：フェーズ4Iとフェーズ4IIでそれぞれ解明する

人間側の業務（作業ステップ構成）とコンピューター側の業務（プログラム構成）の仕様を定め、それぞれを実装し管理する際の単位。

第1階層から第3階層までが、本来、利用部門がシステムの利用について責任をもって関与できる業務処理区画であり、フェーズごとに階層分割されたレビュー承認単位である。各工程を詰め切れていないままで後工程に引き渡すことは厳に慎まねばならない。これがブライスの主張だ。

ブライスの標準システム構造は、当時の利用部門にとって、全体の進捗を見渡すプロジェクトマネジメントの強力な武器となった。

50年たっても役立つブライスの方法論

ブライスの方法論は今も私に深い洞察を与えてくれる。私は在外研究先でエリック・エヴァンスのドメイン駆動設計（DDD）に出会ったが、ブライスの標準システム構造との強い親和性を覚えた。

筆者は現在、データ駆動型のフォーム生成や、利用部門が自ら解明できる業務パターンの分析アプローチを研究している。前者は情報駆動設計とデータマネジメントを数理工学で実現する研究で、後者はBGと業務特性の関係に着目したデータマネジメントの応用研究だ。いずれもブライスのコンセプトが研究の道標を提供している。

抽書『情報資源管理とシステム構築統制の探究 ── 管理思想からの理論的検討』（共立出版社、2020）もブライスのコンセプトを念頭に執筆した。ブライスの卓抜した方法論の豊かさに感謝するばかりだ。

第12章

システム設計で成功したいあなたへ、業務ドメインにデータモデリングで切り込もう

中西 昌武
名古屋経済大学名誉教授

第12章で示す勘所

- 情報システムを作るとき、対象となる業務のドメインを意識して議論すると、仕事の精度が高まり、システムを使う業務部門の担当者と、システムを設計・開発するエンジニアとのコミュニケーションもうまくいくようになる

- 業務ドメインでは何かの状態を監視し、制約したり動かしたりするわけでそれらをデータモデルで表現できる

- ビジネスの性質が変わるとき、業務ドメインの変化を端的に表すデータ要素が登場することが多い。データモデリングは、カギとなるデータ要素を把握し分析するのに役立つ

- データモデラーは正規化という武器を、科学の分光器のように使って、業務ドメインを鮮やかに解明する

- 業務には構造がある。パターンや型と呼ぶ人もいる。有用な手続きがあったら、これを構造ないしパターンとしてとらえ、何度も繰り返して適用できるように業務に仕込む

ドメイン（domain）という言葉から何を連想するだろうか。インターネットのドメインネームだろうか。データドメインあるいはドメイン駆動設計（DDD）という言葉もある。

日常用語としては耳慣れないかもしれないが、「支配や統制の及ぶ活動の範囲」といった意味になる。この単語はコンピューターが発明される前からあって、領主の所有地を指すこともあった。研究者の世界でドメインと言ったら研究活動の主戦場となる領域を、数学では「定義域」と訳され、取りうる値のタイプと範囲を、それぞれ意味する。データドメインも定義域の一種。インターネットで使うドメインネームは接続に参加したサーバーが持つ公式の領地名というわけだ。

ドメインという便利な言葉が使える例をもう少し挙げてみよう。「あの山まで採掘できる」と言われたら採掘権のドメインの話と理解できる。レストランのメニューは提供できる料理や飲み物のサービスのドメインだ。就職活動では「解禁日以後の許容期間」がドメインで、女子大学の共学化は事業ドメインの拡張になる。

つまりドメインとはウチとソトの境目をはっきりさせてウチに入るものをしっかり議論しよう、という範囲指定だ。問題の捉え方で、さまざまな粒度のドメインを設定できる。ドメインを意識すると、そこにある事物や関係を具体的に特定しながら議論することにつながる。

情報システムを作るとき、対象となる業務のドメインを意識して議論すると、仕事の精度が高まり、システムを使う業務部門の担当者と、システムを設計・開発するエンジニアとのコミュニケーションもうまくいくようになる。

システムがサービスする業務のドメインを特定し要件を解明するのを「業務ドメインの解明」と呼ぶことにする。これに役立つ手法としてデータモデリングがある。業務ドメインの中で取り扱われるデータの関係をモデルとして表現することだ。その担い手をデータモデラーと呼ぶことにする。

システムは業務遂行のための道具であり、データ処理により業務処理の一部を代行する。データは事物・事象を記号で表したものだが、逆にデータの向こうには事物・事象の世界が見える。事物・事象の在り方を制約したい、あるいは動きを与えたい、といったときに、その意図をデータで表現することも可能だ。業務ドメインでは何かの状態を監視し、制約したり動かしたりするわけでそれらをデータモデルで表現できる。

リアル店とネットショップの業務ドメインは異なる

業務ドメインとはどういうもので、その制約や駆動にデータモデリングはどうかかわるのか。実感してもらうために、物販の例を紹介しよう。

スーパーマーケットの業務ドメインは、仕入れ、在庫、陳列、販売、精算などだろう。これらの構造を解明するにあたっては、商品のデータに着目してモデルをつくることになる。今回は業務ドメインごとの違いや、業務ドメインの制御を説明するのが主なのでデータモデルそのものは示さない。

あなたが客であり、カートに商品を入れてフロアを移動しているとする。そのとき別の客があなたのカートから商品を持ち去ろうとしたらトラブルになるはずだ。法律の専門家によると、カートに入れた瞬間に商品は占有物となり排他的な使用権が発生するから、他人の勝手な持ち出しは不法行為となるという。

つまりリアルな店舗において、カートに入れられた商品の扱いはフロアを移動する客に任されている。固い言い方をすると、カート内の商品は客のマナーと法的保護により排他制御される。このためカート内の商品はデータモデリングの対象にならない。POS（販売時点情報管理）レジに持ち込まれてはじめて取引となりデータモデリングの対象になる。カートに入れられる前の店頭の商品もデータモデリングの対象だ。

ネットショップという業務ドメインではどうだろう。カートも商品もデータで表現され、客が現物を支配しないから、電子的なフロア内の手続きはすべてデータモデリングの対象になる。ネットショップの業務ドメインのほうが、把握すべきデータ要素が増えている。それだけではなく、業務ドメインの質が大きく変わり、そこにおける監視や統制のやり方も変化する。

データモデラーは業務の振る舞いを監視・統制するデータを突き止めようとする。店舗の例でいうと、商品の占有状態を示すデータがそれにあたる。

Web陳列された商品（在庫1個とする）を客がカートに入れたとき、他の人もその商品をカートに入れられるはずだ。カートに入れるといっても、購入希望の札を商品カタログに貼り付けただけだから、マルチブッキングから誰かが抜け出して購入手続きを済ませたとき、初めて欲しい商品を手にすることができる。

占有と書かれた1枚しかない札を、どのような条件で、いつ誰に渡すかがカギになる。このルールは業務部門が設定するが色々なやり方があり得る。

まず真っ先に購入手続きを開始した人に占有を認めるルールが考えられる。「先手占有ゲーム」だ。ただし、占有者が途中でためらってキャンセルする間に他の人が離脱したら虻蜂（あぶはち）取らずの失注になる。これを回避したければ、業務部門は例えば「購入手続き開始後5分以内に購入確定しなければ占有状態を強制解除して手続き前のカート状態に戻す」といった有効期限を付けるだろう。

誰かが購入確定するまで何人でも購入手続きを進められるルールもあり得る。こうした「争奪ゲーム」の場合、購入手続きは先陣争いとなるので、参加する人は誰もが商品を取り逃す危険性が出てくる。

いずれの場合も、占有状態を監視するデータ要素を設置し、誰かが首尾よく占有条件を満たした時点で他の人の占有を阻止する、といったデータモデルが描かれる。人気商品のため購入キャンセル待ちの機能を加える場合は、キャンセルの有無や待ちの順番札を監視するデータ要素をさらに持たせることを考える。

状態監視を担うデータは、データ要素として明示的にとらえ、動的な対応を駆動する源としたほうが、業務部門の担当者にも、データモデラーにも分かりやすくなる。業務プロセスの仕様として埋め込んでしまうと、ルール変更をする際、いちいちソースプログラムを確認しなければならない。

状態監視にかかわるデータの履歴統計をとると、販売戦略に有益な情報をもたらしてくれるようになる。どの商品が争奪されがちか、どの条件のときに顧客は争奪から離脱するのか、争奪から離脱した後の購買行動はどうなるか、といった分析の土台を提供してくれるからだ。

このように業務ドメインが見通せるデータモデルを提示すると、業務部門の担当者の理解や気付きが促されるので「この業務はこうしたらどうか」といった質の高い議論ができるようになる。業務担当者とデータモデラーの間で知見の分かち合いが深まり、業務部門はよいシステムを得られ、データモデラーは仕事がやりやすくなる、というわけだ。

分解能の高い技術を使おう

データモデリングをなぜ採用するのか。ビジネスの性質が変わるとき、業務ドメインの変化を端的に表すデータ要素が登場することが多いからだ。データモデリングは、そのようなカギとなるデータ要素を把握し分析するのに役立つ。DX（デジタルトランスフォーメーション）とは業務ドメインを変えることとも言えるだろうから、データモデリングが必須だと筆者は考える。

データモデラーは「正規化」という分解能の高い技術をよく使う。正規化とはルールに従ってデータの重複を整理しデータ同士の規定関係や参照関係を明らかにする技術だ。正規化は数学的に信頼性が保証された技術なので安心して使える。

データモデラーは正規化という武器を、科学の分光器のように使って、業務ドメインを鮮やかに解明する。科学者が分光器に現れたスペクトル特性から物質の正体を考えるように、データモデラーは正規化で現れたデータ構造を通して業務ドメインの正体を考える。

筆者の知る限り、業務ドメインの解明を考えず、正規化だけして満足するデータモデラーはいない。販売数量と出荷数量が合わないなど、業務に問題がある場合は、病巣を特定し、原因を突き止め、解決の道筋を客観的に考えようとする。データモデラーが本領を発揮するのはこうした場だ。

データモデラーはモデリングをする際、必ず正規化を頭に描いて作業する。データモデルに似た項目名が複数あるなど気になる箇所があるときは正規化の漏れや間違いが多い。データモデリングと正規化は表裏一体というのがデータモデラーの共通感覚だ。

データモデラーはさらに踏み込んで観察する。業務ドメインの対象となる事物・事象がどのような支配と統制の原理でどのように振る舞うか、じっくりとデータ点検のメスを当てる。

業務には構造がある。パターンや型と呼ぶ人もいる。有用な手続きがあったら、これを構造ないしパターンとしてとらえ、何度も繰り返して適用できるように業務に仕込む。構造やパターンの多くは正規化によってあらわになり、問題解明の手掛かりを与える。

構造がおかしい場合、業務ドメインに問題がある。「なぜこんな構造になっているのだろう」と疑問が湧く場合は業務部門と問題を共有し、議論する。こうしたことまで探究できるのがデータモデリングの魅力だ。

本書の執筆者であるIT勉強宴会の佐野初夫理事長は、テクノロジーの総合メディアである日経XTECHからの取材で、設計やモデリングの書籍について、「理屈や手順が書かれているにすぎません。（中略）説明の行間にある業務の前提を読み取れるだけの経験を積まないと理屈や手順を使いこなせないことが多い」と答えている。

業務ドメインにはそれぞれ特性があり、実際に正規化して初めて気付く場合もある。それを気付かせてくれるのがデータモデラーだ。その意味でデータモデラーは業務担当者の最強の伴走者となり得る。失敗を回避し、業務に役立つシステムを設計するために、業務ドメインを意識し、データモデリングで切り込むエンジニアが増えることを期待する。

第13章

顧客の部門長に何が何でも会い、「あるべきシステム」を掘り出せ

古関 雄介
HOIPOI代表取締役

第13章で示す勘所

- 価値あるシステムを作るには企業会計の理解と、対象業界におけるビジネスモデルの俯瞰（ふかん）的な理解の両方が必要

- ユーザーと徹底的に話をする。ユーザーとは顧客の現場担当者、幹部、経営者などである

- 想像力を働かし業務システムが動いている姿をイメージし具体的に何が良くなるのかを体感する。業務フロー図に沿って業務担当者が仕事をしている姿が浮かべばよい。

- 業務フロー図で導かれたあるべき姿の強度を保証するのがデータモデルである。両方がそろって上流工程と開発工程をつなぐ懸け橋になるから双方の作業を同時並行で行う

- 業務のあるべき姿に合致した形でデータモデルを導出できれば、多くのビジネスロジックとシステム画面・帳票のレイアウトは容易に作れる

何か分かっていない感じがする。一体何をしているのだろうという気持ちがたまってくる。そうなったら「なぜだ」と考え、自分なりの仮説や対策を立てて取り組む。こういうやり方を長年してきた。

その結果、通算22年の社会人活動において2回ほど立場を大きく変えた。1回目は仕事の範囲を詳細設計、実装、テストから、要件定義や業務設計といった上流工程に移したこと。システムの発注者である顧客としっかり話がしたいと考え、2008年に中小企業診断士の資格をとった。

2回目は2014年に起業し、業務システム開発ツールメーカーの経営者になったこと。最近ではローコード開発ツールと呼ばれるジャンルの製品TALON（タロン）を仲間と開発し、販売している。

2度の転機は筆者個人の話だが、その時「なぜだ」と考えた問題は「ITの技術者が真面目に開発したシステムが顧客の経営や現場でうまく使えない」「バラバラのスキルの技術者をかき集める人海戦術がまかり通る」という2点だった。いずれも企業の情報システム部門、IT企業の双方にかかわる問題である。

そこで業務システム開発のあり方と技術者として付加価値を出していくやり方を再考するきっかけになればと思い、個人的にではあるが、考え、行動し続けた末にたどり着いた結論とそこに至った道筋をお伝えする。本章では「開発したシステムが現場でうまく使えない」問題の解決策を書いてみる。

顧客の要求に合っていないシステムに価値無し

社会人の第一歩を筆者は1999年に踏み出した。システム開発会社に入り、主に製造業向けの基幹業務システムの開発に携わり複数のプロジェクトにおいて開発や稼働後の保守まで担当した。

2000年ごろにはJavaによるMVCフレームワークを自作し、これを使って顧客の業務システムを開発した。プログラミングで色々な物を作るのが楽しくて仕方なかった。

しかしある時、頑張って作った業務システムで利用者が操作ミスを連発する事態が起きた。非常に凝ったUI（ユーザーインターフェース）により1枚の画面で多くの処理を実行できたものの、無駄に複雑で使いにくかった。

システム設計に筆者は関与しておらず1人のプログラマーとして渡された設計書通りに開発したが「ずいぶん凝ったUIだなあ」とは思っていた。顧客から「欲しい」と言われた機能をそのまま盛り込み、要件の整理や抽象化による再構成をしなかったのだろう。

操作ミスが多くて顧客が困っているという話は当時の上長から聞かされた。この件は筆者のものの考え方を変えた。開発技術への造詣を深めていくことで素晴らしいシステムを作れると信じ、プログラミング言語への理解、デザインパターンの使いこなし、データベースとインフラ技術の知見を深めてきた。ところがどれほど素晴らしい技術を組み合わせてシステムを作っても顧客の要求とマッチしていなければ社会的な価値は無いことに気付かされた。

業務システムは「誰のために」「何のために」存在するのかといったことに興味が湧いた。所属先の社長に「プロジェクトに入るなら最初のところからやりたい」と直訴し、要件定義や業務設計など上流工程を担当させてもらうことになった。

実際に担当してみると今まで身に付けた技術とはほぼ無縁の大きく異なる世界があることが分かり、大げさに思われるかもしれないが驚愕（きょうがく）した。初めて業務設計を担当した時には全く何も分からない状態になり、顧客の現場の方々に教えてもらい、苦労の末に何とか所定の仕事を遂行した。

直訴を認めてくれた社長は業務知識を豊富に持っており相談すると答えてくれた。しまいには休みの日に出社してくれ、業務知識を教えてくれた。本書の執筆者である渡辺幸三氏が書いた『生産管理・原価管理システムのためのデータモデリング』（日本実業出版社、2020）に筆者は多大な影響を受けたが同書を薦めてくれたのも社長だった。

個別業務を知っただけではシステムを作れない

一応の自信を得て次の案件の業務分析に取り組んだが思ったようりうまくいかない。プログラミングを成功させて自信を付け、次の案件もこなせたときと勝手が違う。何か分かっていない感じが付きまとい1回目と同じように苦労し始めた。

「もう一段高い視座が必要なのではないか」と仮説を立て「企業の目的は何か」「価値とは何か」といったことを考え始め、価値あるシステムを作るには企業会計の理解と、対象業界におけるビジネスモデルの俯瞰（ふかん）的な理解の両方が必要だと気付いた。

そうした知識は熱心に勉強してきた開発技術とは全く異なる。体系的に勉強しなければならないと痛感した。手段として中小企業診断士の資格獲得を選び、2年間勉強し、資格を2008年に取得した。

利益追求、ビジネスモデルの構築、管理会計と制度会計についての基礎を学べ、今でも非常に役立つ勉強になった。個々の企業の課題より上のレイヤーにある原理原則を理解したことで個別企業の話がよく分かるようになった。

第10章「設計者やプログラマーは『見えない問題の探求者』、創造の暗黙知を継承せよ」で久保敦啓氏がマイケル・ポランニーの『暗黙知の次元』（高橋勇夫訳、筑摩書房、2003）を紹介している。同書の中に、単語というレイヤーの上位に文法というレイヤーがあり単語をいくら知っても文章は書けない、文章は文法のルールに従っているから、という記述がある。

同様に、個々の業務というレイヤーの上位に企業の存続目的やビジネスモデル、会計のルールといったレイヤーがあり、個別業務をいくら知っても業務システムは作れない。業務システムは存続目的やビジネスモデル、会計のルールに従っているからだ。

顧客に言われた通りにそのまま作るとろくなシステムにならないことが多い。作るシステムが上位レイヤーのルールに従って利益を生む方向を目指しているのかどうかを確かめていないからだろう。

あるべきシステムの姿を顧客の中から掘り出す

何度か上流工程を経験し、企業が必要とする業務システムがどのようなものであるか、顧客と共に“掘り出す”必要があると分かってきた。IT企業は答えを持っていないが多くの場合、顧客自身も明確な答えを持っていない。

企業価値を何とか高めたい、と考えることを出発点に、顧客の経営者や担当者と我々IT側の技術者が一緒になって必要な業務システムの姿を探っていく。答えは多くの場合、顧客の悩みや願望の中にある。それを掘り出さないといけない。

例えばデータ分析の結果を使ってマーケティングの精度が向上すれば売り上げが伸びたりうまく投資できたりする。処理の手続きがシンプルになれば対応時間が短くなって原価も減る。そこでデータとして記録する要素を考え直すことで新たな分析結果を引き出せないか、処理の手続きをもっとシンプルにできないか、と探っていく。

上流工程の経験から特に重要と気付いたのは次の3点である。

①とにかくユーザーと話をして教え合う関係になる

ユーザーと徹底的に話をする。ユーザーとは顧客の現場担当者、幹部、経営者などである。本気で相手の立場になって考え、相手の困りごとが見えたら意見を言う。そうすると色々教えてくれるようになる。さまざまな部門のユーザーととことん話し合うと多面的に物事が見えてくる。それらをつないでいくと価値を高めるアイデアが生まれやすくなる。定例会議で話すだけではユーザーの口は重くなり重要な話が出てこない。

②掘り出す業務システムをそこに存在するかのようにイメージする

想像力を働かし業務システムが動いている姿をイメージし具体的に何が良くなるのかを体感する。業務フロー図に沿って業務担当者が仕事をしている姿が浮かべばよい。ユーザーと交流しているとイメージできるようになる。

③業務のあるべき姿をデータモデルで裏打ちする

業務システムの姿が見えてもこれだけでは絵に描いた餅で矛盾なくシステムとして実現できるのかはっきりしない。業務フロー図で導かれたあるべき姿の強度を保証するのがデータモデルである。両方がそろって上流工程と開発工程をつなぐ懸け橋になるから双方の作業を同時並行で行う。そうでないと手戻りが多く非効率になってしまう。

図　上流工程で意識すべきポイント

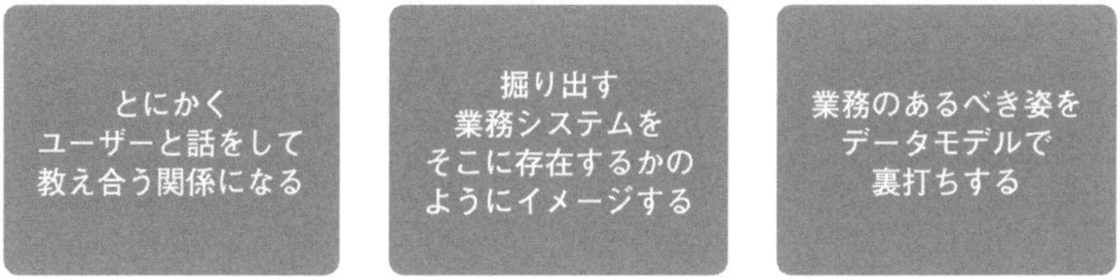

出所：筆者

部門長と実務のエース、両者と共に話し合う

以上3点を筆者は次のように実践している。顧客のある部門のシステム開発を請け負ったとき部門長に時間をとってもらう。色々と話を聞きディスカッションする。自分なりの考えや知見をできる限り述べ、時間の無駄だと思われないようにする。

部門長と打ち解けてくると細かい話になったとき「○○君に聞こう」

と言って担当者を呼んでくれる。この時に来る担当者はほぼ間違いなくその部門のエースになる。その人に聞けば大体のことは分かると部門長が信頼しているからだ。俯瞰（ふかん）的に見ている部門長と実務を熟知しているエース、両者を中心に話し合うべきだと筆者は考える。

ディスカッションの末、あるべき姿が見えてくると業務フロー図をユーザーとプロジェクターに映しつつ作る。同時に脇に置いたホワイトボードにデータモデルを手書きしていく。業務のあるべき姿に合致した形でデータモデルを導出できれば、多くのビジネスロジックとシステム画面・帳票のレイアウトは容易に作れる。

図　業務フロー図作成とデータモデリングを同時に行っている風景

写真：筆者

スキル軽視の人海戦術から技術者を解放しよう

上流工程をこなす手応えが得られたものの、その後の開発工程に入るとスキルにバラつきがある人材を大勢集めて一気に開発する人海戦術になってしまう。この問題に挑むために業務システム開発ツールTALONを4人ほどの仲間と開発し、起業した。人海戦術への切り込みについては次章で触れる。

通常より高い視座を持つには読書が役立つ。企業とは何かについては『会社はこれからどうなるのか』（岩井克人著、平凡社、2003）をお薦めする。データモデルについては渡辺氏の本をもう1冊挙げる。『システム開発・刷新のためのデータモデル大全』（日本実業出版社、2020）には業務システム開発のコアがぎっしり詰まっている。世界的に大ベストセラーになったので読んだ方も多いと思うが、思い切り高い視座に連れて行ってくれる本としては『サピエンス全史』（ユヴァル・ノア・ハラリ著、河出書房新社、2016）がいい。

第14章

顧客も技術者も
不幸になる
人海戦術に終止符を、
実データで設計を吟味せよ

古関 雄介
HOIPOI 代表取締役

第14章で示す勘所

・ER（エンティティー・リレーションシップ）モデルを使えば業務システムの構造を表現しやすくリレーショナルデータベースに実装できる

・実データの動きを把握したユーザーはさまざまな注文を出す。それをデータモデルに反映し、実データを使って再び動かす。何度も話し合っているうちに技術者は業務への理解を深め、データモデルをより深いものにしていく

・ユーザーに驚くような変化が起きる。データベースの構造を理解していく

・データモデルが完成した時点で業務システムもほぼ完成する仕組みがあれば人海戦術を無くせる

・データモデルに提示される、データ同士の関係は業務で表示したり加工したりしていく情報そのものであり、ここにほとんどすべてがある

「ご要望の新システムのデータモデルを作ってみました。実際の業務データのうち主要な物をこのモデルに沿って動かしてみましょう」

「なるほど、こうデータが出て在庫予定が分かるわけだ。あ、言い忘れていた。前倒し納品可能かどうか確認する時に発注先の担当者情報も一緒に見たい時がある」

「大丈夫です、確か発注テーブルに格納されていますので。SELECT文を直して再度表示してみますね」

「これだよ、これ。そうか、もしかして発注時の特記事項も発注テーブルからSELECT文で引っ張れるのかな」

「はい、できます」

「おお、これでいこう」

こんなやり取りをしつつ、筆者は業務システムを発注者である顧客と一緒に開発している。上で書いたデータモデルとは具体的にはER（エンティティー・リレーションシップ）モデルのことで、これを使えば業務システムの構造を表現しやすくリレーショナルデータベースに実装できる。

業務システムを実際に使う部門の長や実務を熟知している社員などユーザーの要望を聞きながらディスカッションをして、あるべきシステムの姿を掘り出していく。見えてきたらユーザーと一緒に業務フロー図とデータモデルをつくる。このやり方は第13章「顧客の部門長に何が何でも会い、『あるべきシステム』を掘り出せ」で紹介した。

次に新データモデルで定義したデータベーステーブルに実際の業務データを登録する。既存システムに入っている実データを取り込む。引っ張り出した実データをSQLで加工してから入れる場合もある。Excelのシートなどで別途管理されているデータも必要があれば使う。まだ形になっていない場合はユーザーに頼んでデータを作ってもらい、それも入れる。

実データが入ったテーブルを元にユーザーと話をしながらその場でSELECT文を書き、データを抽出して見てもらう。データベースを動かすと業務で使う情報がどのような流れで変化し、別の情報として現れるかを、実データによって、しかも連続した形でユーザーに提示できる。

実データの動きにユーザーは納得する

このやり方は強力で、ITの専門家ではない部門長や現場のユーザーの方に「新システムを使って業務をこういうふうに進めるのか」と体感してもらえる。画面や帳票のサンプルを見せて想像してもらうよりもはるかに説得力を持って伝えられる。

冒頭の例のように、実データの動きを把握したユーザーはさまざまな注文を出してくる。それをデータモデルに反映し、実データを使って再び動かす。何度も話し合っているうちに技術者は業務への理解を深め、本番直前まで設計の精度を高めてデータモデルをより深いものにしていける。同時にデータもクリーニングできる。

その上、ユーザーに驚くような変化が起きる。データベースの構造を理解していくのである。やり取りの終盤になると「出荷する時に重量の確認をしたいな。商品マスターとつないで計算すれば表示できるよね」と言ってきたり、人によってはSELECT文が書けるようになったりする。

「これでいこう」とユーザーが納得するデータモデルに仕上がったら開発はほぼ終わりである。筆者が使っている開発ツールはSELECT文を定義するだけで業務の処理画面を作れる。ユーザーと打ち合わせをしながら画面を確定できたら、データを更新する仕組みを設定すれば入出力を含む業務処理機能が即座に完成する。

このようにデータモデルがいったん出来上がれば、SELECT文を使って実際のデータを直接扱う感覚で業務システムを開発していける。現場で帳票を毎日使っているユーザーであれば実データを見つつ、SELECT文を使い、一部の開発をこなせるようになる。

このやり方にしてから出来上がった業務システムがユーザーの思っていたものと違っていたという齟齬（そご）が激減した。ユーザーと技術者の間でシステムのイメージを共有でき、ユーザーも開発に参加しているつもりになってもらえるのが大きい。

新システムの姿を開発の前にユーザーに見せる

新たなやり方を編み出すきっかけは、スキルがバラバラの技術者をかき集めて業務システムを開発させる人海戦術への違和感だった。上流工程における設計が終わり、開発工程に入ると急に開発者が増える。複雑な機能など一部の例外を担当する人を除くと、さして高いスキルを求められない。とにかく人を集め、工程ごとにガチガチのルールで縛り、品質のばらつきがなるべく出ない環境を作って、がむしゃらに開発させる。

筆者はこうした環境にたびたび置かれ、「なぜこんなことになってしまうのか」という気持ちが膿（うみ）のようにたまっていった。効率的に進めているように見えるがルールで押さえつけられ創意工夫の余地はほとんど無いから技術者のスキルアップにつながらないし、何より楽しくない。顧客への請求には多重下請けに伴う費用が上乗せされる。IT業界はもうかっても顧客や技術者は幸せではない。

なんとかしたいと考え、「データモデルが完成した時点で業務システムもほぼ完成する仕組みがあれば人海戦術を無くせる」と気付いた。データモデルに提示される、データ同士の関係は業務で表示したり加工したりしていく情報そのものであり、ここにほとんどすべてがある。そのまま業務システムにできればいい。

ところが従来はデータモデルを作ってもユーザーが確認できるのは人海戦術による開発工程を経た後、テスト工程になってからだった。テストをして「これは違う」とユーザーに言われると、また人海戦術で手直しする。設計者とは別の技術者が開発することも多く、設計したデータモデル通りに実装されないことすらあった。

新しい業務システムの姿を開発に入る前にユーザーに何とか見せたい。同じ思いを持つ仲間と共に筆者は2014年に起業し、「TALON（タロン）」と呼ぶツールを開発した。今でいうローコード開発ツールでソースコード非生成型に分類されるものだ。

データモデルをそのまま動く業務システムに

業務で使うデータや業務の流れなどほぼすべてがデータモデルの中にあると述べた。例えば、販売管理システムの販売単価を管理するテーブルの主キーが商品コード、顧客コード、適用開始日であれば、販売価格は商品、顧客、適用開始日の組み合わせのみで決まり、ロットサイズなどで変化しないことが分かる。

この主キーに関連する業務情報も一緒に格納しておける。外部キーの参照などを定義すればテーブル間の関係を示せるので、情報がどのように使われ、形を変えて別の情報に変化していくかを明示できる。テーブル間をまたぐ業務処理もすべてではないが、かなりの程度まで導き出せる。

つまりデータモデルが決まれば業務フローと画面や帳票もほぼ同時に決まる。後はSELECT文ですくい上げたデータがそのまま画面・帳票に反映される仕組みを用意すればいい。

TALONはSELECT文によって引き出したデータをまとめた「ブロック」を複数組み合わせて機能（画面）を作成する。ブロックおよびブロックを組み合わせた機能はプログラム記述領域を持ち、各種のチェックや入力補助処理、計算式を定義できる。ブロックはデータの表現形式（単票、明細、グラフ、カレンダー、ガントチャートなど）も持つ。

業務システムの機能を作る場合、ブロック単位にSELECT文を書いて画面に表示するデータを決め、入出力のチェック制御や計算式を設定し、更新するテーブルを指定する。後はブロックをまとめた機能全体に対し、必要に応じて設定するだけで済む。設定した各種の情報から機能設計書を自動出力できる。

各ブロックの背景に必ずデータモデルがあるのでデータの矛盾を引き起こしにくい。業務を知っているユーザーはSELECT文さえ書ければ、後は簡単な設定だけで業務システムの一部の機能を作れる。処理が複雑な場合はプログラミングが必要になるので技術者が受け持つ。

複数のテーブルにまたがる業務は、あるブロックから別の機能のブロックを呼び出して連鎖的に処理する。例えば仕入れ処理の場合、仕入れブロックから在庫ブロックと受払ブロックを呼出し、仕入れ処理を一気に終えられる。

図　ブロックの連鎖呼び出しによって複数機能を連携できる

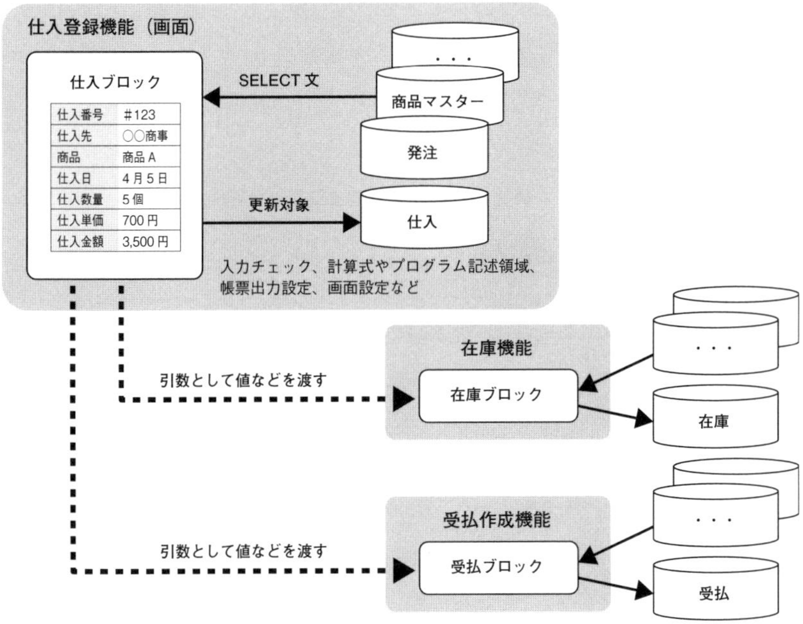

出所：筆者

以上のやり方で開発した業務機能はサーバー上でもクラウド上でも実行できる。複数のデータベースを連携することも可能である。SalesforceのようなクラウドサービスからもSELECT文でデータを引っ張ってきて入出力処理ができる。業務機能はブラウザーから呼び出してもよいし、Web-APIやバッチ起動で呼び出してもよい。非同期通信による自動再描画ができるのでリアルタイムの情報を画面に出し続ける処理も簡単に作れる。

親子関係、外部参照を持つデータモデルに基づく機能もSELECT文を定義するだけですぐに完成する。図に示したのは新型コロナウイルスに伴う特別定額給付のような施策にあたって、申請を出すための仕組みである。

申請という1機能をつくるために「住民給付申請」「世帯人別給付」「世帯人別給付条件」という3つのブロックを定義している。左下の明細データ（世帯別給付情報）1行目にあるボタンをクリックすると、右下の明細データ（世帯別給付条件情報）がリアルタイムに切り替わる。

図　1機能に3つのブロックを設定した画面とデータモデルの関係

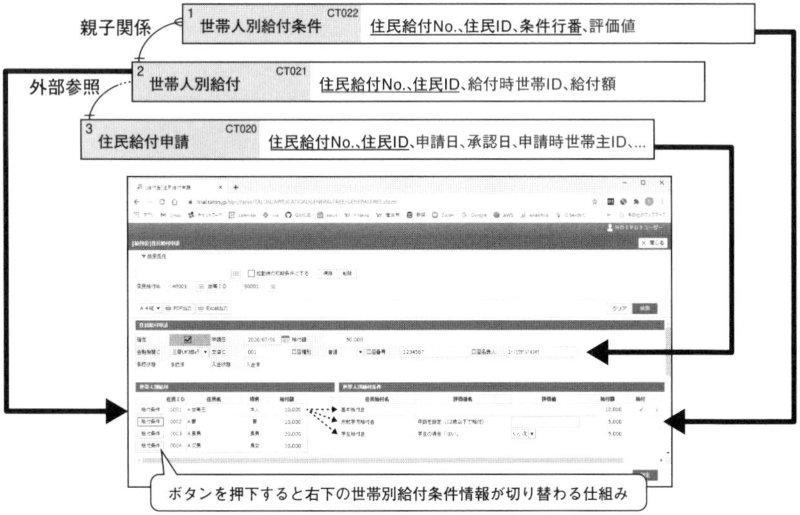

出所：筆者

これらのブロックは画面の上段に示したデータモデルに裏打ちされている。このモデルは本書の執筆者でもあるIT勉強宴会理事の渡辺幸三氏が「十分な時間をかけて給付の仕組みを作り直せるとしたら、どう設計するか。仕様を技術者同士で考えてみたい」と述べて設計し公開したものだ。

ワクチン接種管理システムを高速開発

しっかりしたデータモデルには業務の流れや振る舞いが表現されており、そこから業務フローや画面・帳票を導けることを説明した。具体例を紹介する。

IT勉強宴会は2021年2月19日、『緊急開催「新型コロナワクチン接種管理システム」をローコード開発してみた』というイベントを開いた。給付に続き、渡辺氏がワクチン接種管理システムのデータモデルを提示した。

そのデータモデルを基に筆者が業務フローを作り、当社のメンバー1人がTALONを使って、22の機能からなる実システムを構築し、ローコード開発コミュニティが3月5日に開催したイベントでデモンストレーションした。

筆者がデータモデルを理解するのに2時間、業務フローを記述するのに4時間、それぞれかかった。必要な機能について筆者とメンバーで2時間ほど打ち合わせ、後はメンバー1人が延べ32時間で22機能を開発した。

どちらのイベントもYouTubeで公開している。「新型コロナワクチン接種管理　TALON」で検索して、データモデルが持つ豊かさを体感いただきたい。

第15章

若手エンジニアには分からない？業務システムになぜRDBが必要か

田中 浩一
Chatwork プログラマー

第15章で示す勘所

- 業務システムの場合、現場オペレーションの要求を分析しただけではRDBの設計につながらない

- ドメイン駆動設計の用語で立場あるいは視座を「コンテキスト」と呼び、コンテキストを前提にした語彙集を「ユビキタス言語」という。まず視座を定義し、次に視座ごとに用語を定義すれば、関わる情報構造の全体を描き出せる

- RDBは帳簿

- 各現場コンテキストにはそれぞれの情報構造がある。さらに事業者コンテキストとしての情報構造が必要で、それをRDBが担う

- 画面からRDBを機械的につくるのではなく、現場の視点と管理の視点から、帳簿（RDB）をしっかり設計しなければならない

いささか刺激の強い本章のタイトルは本書の編集者が付けたものだが若手のエンジニアを批判する意図は全くない。タイトルにある「若手エンジニア」はかつての筆者だからである。

50代に突入した現在の筆者は、いわゆるWeb系企業に所属し、業務システムを含むバックエンド領域の設計と開発に従事している。もともとはPCのデスクトップアプリケーションを開発するプログラマーとして仕事を始め、途中から業務システムの設計・開発に移った。そのとき若手エンジニアであった筆者は「業務システムになぜRDB（リレーショナルデータベース）が必要か」、よく分からなかった。

RDBを使いこなせなかったわけではない。業務システムを使う利用者から要求を聞き、画面をつくる。部署によって要求は異なるから複数の画面ができる。画面で入出力されるデータ項目を集め、正規化してRDBにまとめ上げることはやれていたし実際につくった業務システムはきちんと動いた。

だが“デスクトップアプリケーション上がり”の筆者には業務システムにおけるRDBの位置付けにモヤモヤするものがずっと付きまとった。デスクトップの場合、アプリケーションの利用者がやりたいことを整理すれば開発できた。ところが業務システムの場合、現場オペレーションの要求を分析しただけではRDBの設計につながらない。

RDBの設計には現場から独立した目線が必要で何か特権的な作業に思えたのだが、なぜそうなのかが腹落ちしなかった。悩む過程でエリック・エヴァンスが説くところのドメイン駆動設計（DDD）を学んでみた。だがドメイン駆動設計にそって考えてもやはりRDBの存在がより特異に浮かび上がるばかりでモヤモヤは消えなかった。

本書のはじめにで、IT勉強宴会を主催する佐野初夫氏はメインフレームからオープンシステムに移行する際、業務システム設計に関するノウハウが継承できなかったという見立てを次のように述べている。

「新入社員として入ってきた技術者は先輩から教わる機会があまりな

く、プログラミングやデータベースの導入などのスキルは研修と自力で身に付けたが、業務設計やそのノウハウ習得まで手が回らなかった」

佐野氏はメインフレーム世代、筆者はオープンシステムど真ん中の世代である。振り返ると若いころの筆者には「業務設計やそのノウハウ」の何かが足りなかった。IT勉強宴会に参加し、メインフレーム世代の方々と交流することでRDBを使う設計の勘所がようやく腹に落ちた。その経緯をお伝えしたい。

RDBとドメイン駆動設計にまつわるモヤモヤ

筆者のキャリアの最初はMS-DOSやWindows用のデスクトップアプリケーションの開発だった。C++でオブジェクト指向を学び、GUIクラスライブラリー、マルチスレッドやネットワークプログラミングなどを習得した。

単一のデスクトップアプリの開発を一通りやり遂げた感を抱いた筆者は業務システムの開発に場を移した。当初携わったのは、メインフレーム上の基幹系システムに格納されている各種情報セットをWebアプリケーション経由でインターネットから閲覧できるようにする、いわゆる「情報系」の案件だった。

その後、「ダウンサイジング」の掛け声のもと、いよいよメインフレーム上の基幹系システムをJavaで再構築する案件に携わった。多様な立場の利用者（アクター）が関わり、複数のアクターにわたる情報の流れの整理がシステム開発における中核の事案となった。その情報の流れの中心にRDBが置かれる。ERモデルで正規化されたデータセットが情報流通過程におけるデータ変換を担う。こう理解し、実践していたものの、正規化したRDBでなぜうまくいくのかと首をひねっていた。

前後してドメイン駆動設計に触れた。ドメイン駆動設計が説くプリンシプルは、立場によって見ている情報の構造はそれぞれ異なる、用いている用語の意味合いも違う、といったことだ。

ドメイン駆動設計の用語で立場あるいは視座を「コンテキスト」と呼び、コンテキストを前提にした語彙集を「ユビキタス言語」という。まず視座を定義し、次に視座ごとに用語を定義すれば、関わる情報構造の全体を描き出せるという。

なるほどと思ったもののRDBの特別な立ち位置がやはり気になる。アクターAとアクターBの視座がそれぞれあるならば、AとBに対応する2種類のアプリケーションを直接接続するだけでシステム全体が動いていいはずだ。しかし、接続のためにアプリケーションの間にRDBを置き、アクターA、Bのいずれのコンテキストからも独立した目線でデータベースをつくらなければならない。前述の通り、そうすればうまく連携できるのだが理屈が分からなかった。

悶々（もんもん）としていたころ、あるカンファレンスのドメイン駆動設計に関する部会で、佐野初夫氏とIT勉強宴会の参加者に出会った。交流する内に、IT勉強宴会メンバーである渡辺幸三氏の「RDBは帳簿」という指摘を知るに至り、業務システム設計における自分のモヤモヤをついに解消できた。

複写式伝票は一つのドメインモデル

業務システムのありさまについてどう腹落ちしたのか、小規模な飲食店などで用いられている複写式伝票をモチーフにしながら説明したい。

複写式伝票を用いた情報システムの説明は『MVCとはなにか』と題して天重誠二氏がnoteに公開している。2019年に開催されたPHPカンファレンスの講演内容を書き起こしたものだ。天重氏は「複写式伝票は一つのドメインモデル」と説明しており、大いに納得した。

図　複写式伝票

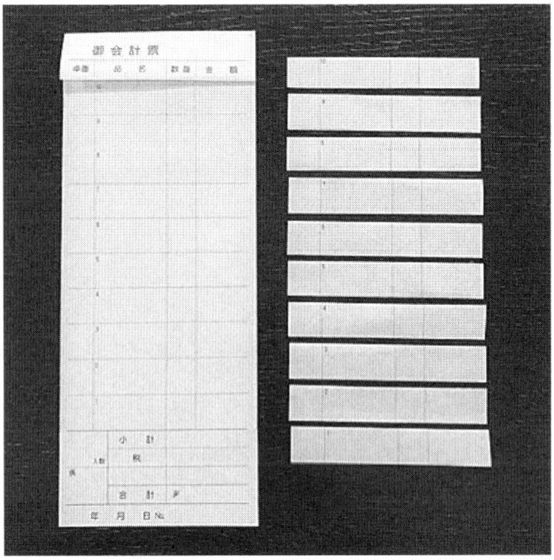

写真：筆者

複写式伝票を使った「注文処理フロー」は次のようになる。

1. ホールスタッフは客席で注文を取り、伝票に記載する。
2. ホールスタッフはミシン目で切れる伝票の一葉を厨房スタッフに渡す。もう一葉は手元に置いておく。
3. 厨房スタッフは伝票の明細をミシン目に沿ってちぎり一列に並べる。
4. 厨房スタッフは料理が出来上がったらカウンターに置く。調理が済んだ注文の明細を破棄する。
5. ホールスタッフはカウンターに置かれた料理を客席に出す。出した料理について伝票の明細に取り消し線を引いて消し込む。
6. すべての明細が消し込まれたら伝票を客に渡す（客席に置く）。

ホールスタッフと厨房スタッフは異なる情報構造を必要としている。ホールスタッフの関心は「どの客席がどの料理を注文しているか」である。一方、厨房スタッフは伝票に記載された料理の順序に関心がある。

できれば席番号とのひも付けに煩わされず、最も効率よく調理できる順番を見たいと考える。

少々形式的に整理すると次のようになる。

図　アクターによって求める情報構造は異なる

アクター	求めている情報構造
ホールスタッフ	席番号と料理の紐付け
厨房スタッフ	調理順に直列化された料理

ホールスタッフと厨房スタッフは業務遂行のために異なる情報構造を必要とするが複写式伝票はそれらを統合してしまう。業務システムにおけるRDBのような存在と言える。

複写式伝票を求めているのは、ホールと厨房のオペレーション上の連携に関心を持ち、業務のすべてが滞りなく回ることを要求している第三のアクター、飲食店経営者である。このアクターを一般化して「事業者」と書くことにする。

現場は情報活用、事業者は情報保全が目的

事業者アクターの関心は、両方の現場アクターのオペレーションのために、それぞれにとっての必要情報を確かに提供することだろう。1人のアクターにだけではなく、多様なアクターからの多様な情報要求に対して一貫性を持って情報を提供することが求められる。

つまり事業者アクターが求めるのは、特定の現場アクターからの個別の要求におもねらず、情報を首尾一貫させて保全することである。これに対し、ホールと厨房の各現場アクターの関心は、それぞれの現場のオペレーションを回すことにあり、そのための情報を求める。一言でまとめると「事業者は情報保全、現場は情報活用が目的」となる。

事業者の求める情報構造は帳簿である

事業者アクターが求める、情報保全が目的で一貫性を持って各現場アクターに情報を提供できる構造はどういうものになるか。ここから渡辺幸三氏の説明を参照する。渡辺氏は著書やブログの中で「業務システムの中核に、定式化された帳簿そのものであるデータモデルが置かれるべきだ。そのデータモデルはリレーショナルモデルで定式化されている」と常々述べている。これこそまさに事業者アクターが求める情報構造である。

図　事業者は帳簿を求める

アクター	求めている情報構造
ホールスタッフ	席番号と料理の紐付け
厨房スタッフ	調理順に直列化された料理
事業者	リレーショナルモデルで定式化された帳簿

複写式伝票をコンテキストという用語を用いつつ、ドメイン駆動設計の文脈で捉えてみよう。ホールと厨房というコンテキストがそれぞれある。同時にホールと厨房を統合して見ようとする、事業者のコンテキストもある。

各現場コンテキストにはそれぞれの情報構造がある。さらに事業者コンテキストとしての情報構造が必要で、それをRDB（帳簿）が担う。RDBもあるコンテキストのドメインモデルとみなせるのでドメイン駆動設計の枠組みに収めることができる。

帳簿をしっかり設計しなければ業務システムはできない

企業が使う業務システムには現場のアクターだけではなく、事業者というアクターもいて、現場のオペレーションではなく、管理の視点から要求を出してくる。したがって画面からRDBを機械的につくるというより、現場の視点と管理の視点から、帳簿（RDB）をしっかり設計しなければならない。業務システムにおいてドメイン駆動設計をする場合でも同じである。

メインフレーム世代のベテランからすれば「そんなことに気付くのに時間をかけたのか」と言いたくなるかもしれないが、オープンシステム世代あるいはデスクトップ上がりの筆者、そして同じ世代の多くの技術者は「管理の視点」があることを学んでこなかった。Web系業界に身を置く今、Web世代の技術者も同様ではないかと心配している。

端末に向かって設計やプログラミングをしている姿は同じであっても世代によって見えているものがかなり違う。それぞれの世代が断絶の問題を考えるきっかけに本書がなればよいと思っている。

第16章

Web世代の皆さん、企業情報システムを見たことがありますか？

田中 浩一
Chatwork プログラマー

第16章で示す勘所

- Web世代はECなどのWebサービスシステムを開発する。ただし徐々に企業情報システムに関わるようになりつつある

- 関わるアクターが3以上の場合、企業情報システムと呼ぶ

- 企業情報システムは所定の機能を実現したいという比較的はっきりした狙いがあり、事前にデータモデリングをして設計する。ふさわしいデータ構造を考え、計数がきちんと合うかといった整合性を重視する

- Webサービスシステムの世界は1つの豊穣（ほうじょう）なドメインを形成している。古いとか新しいとかの話ではない。異なるドメインがあり、それぞれ違うやり方がある

- 複数のアクター間で相互に交換されるデータを俯瞰（ふかん）できるモデルを確立しないまま、企業情報システム開発へ突入すると、いつまでたっても結合テストをパスできない事態に陥る

世代論を語るのは難しい。ある世代と次の世代を比較し、優劣があると言うつもりはないが、違いがあれば指摘したくなる。年長者は善意からであっても若手に対し、どうしてもものを教える態度をとってしまう。正論だとしても年長者の自慢話に聞こえたら若手はそれを受け入れない。そもそも「××世代とは」と語られても××世代という明確な定義があり、誰もが理解しているわけではない。

とはいえ社会や産業界における情報システムの担い手であるエンジニアにおいては世代によって知識やスキルに断絶がある。前章で書いた通り、「端末に向かって設計やプログラミングをしている姿は同じであっても世代によって見えているものがかなり違う」。

エンジニアも、エンジニアに依頼する人も、世代の違いを知って行動する必要がある。

Web世代とは何か

筆者はオープンシステムの世代であり、PCのデスクトップアプリケーション開発でキャリアを始め、その後、業務システムの開発現場へ移った。現在はWeb系業界に身を置き、Web系企業でバックエンド領域のシステムを設計・開発している。

前章でも触れたが、本書の執筆者であるメインフレーム世代の佐野氏は、オープンシステムへの移行があったとき、新しい要素技術のキャッチアップに戸惑い、エンタープライズシステムの設計ノウハウを後輩にうまく継承できなかったと述べている。

同様の構図が今も起こっていると筆者は感じている。筆者を含むオープンシステム世代は次の世代に自分たちの設計ノウハウを伝えきれていない。

世代を定義しないと話を進められないので簡単にまとめてみる。異論は色々あるだろうがおおむねこうだということにして読み進んでほしい。

オープンシステム世代の次を「Web世代」とする。筆者が今いるWeb系業界、Web系企業でWebサービスシステムを開発しているエンジニアの世代である。Web系企業は次々に誕生しており、システムを内製することが多く、若手のエンジニアはWeb系企業を目指す傾向がある。

Web系業界やWeb系企業は消費者向けであれ企業向けであれ「コンピューターによる何らかのサービスをインターネット経由で不特定多数に提供する」業界または企業である。EC（電子商取引）が典型だ。Webサービスシステムとはそうした事業を支えるシステムを意味する。

図　世代別に見たエンジニアの傾向

世代	プラットフォームの例	プログラミング言語の例
メインフレーム	メインフレーム、オフコン	COBOL、PL/I
オープンシステム	Linuxサーバー、Windows（サーバー、PC）	C++、Java、C#
Web	Amazon Web Services、Webブラウザー、スマートフォン	JavaScript、Ruby、Swift

Web世代が開発するWebサービスシステムの要素技術には、Webブラウザーはもちろん、クラウド、スマートフォンやタブレットのアプリまで含む。

世代によって設計、開発する対象となるシステムにも違いがある。メインフレーム世代が手掛けたのは基幹系システム、業務システム、エンタープライズシステムなどだが、本章では中堅・中小企業向けを含める意味も込め「企業情報システム」に統一する。

オープンシステムの世代は当初、基幹系システムのデータを加工分析する情報系システムを手掛けたが、徐々にメインフレームを代替する基幹系システムも設計、開発していった。2つの世代とも企業情報システムを手掛けている。

これに対し、Web世代はECなどのWebサービスシステムを開発する。ただし徐々に企業情報システムに関わるようになりつつある。

「ECだって企業の情報システムでしょう」「うーん。自分がつくっているのは企業情報システムなのだろうか」と首をひねる読者もおられるだろう。そこで次の定義を提案しておく。

「関わるアクターが3以上の場合、企業情報システムと呼ぶ」

前章で紹介した飲食店で使われる複写式伝票はアクターが3以上である。料理をつくるアクターと運ぶアクターがいて、店長など事業者が加わって3になる。一方、比較的単純なWebサービスシステムはユーザーと管理者という「アクターが2」のケースに該当する。

Webサービスシステムと企業情報システムは別世界

筆者の体験によるとWebサービスシステムと、これまでの企業情報システムとを比べると、設計や開発の姿勢がかなり違う。

図　2種類のシステムにおける取り組み姿勢の差

Webサービスシステム	企業情報システム
ユーザー体験重視	データ処理機能重視
フィードバックサイクル優先	事前モデリング優先
可用性やスケーラビリティー優先	整合性優先

ECのような消費者向けサービスでも、CRM（顧客関係管理）のような企業向けサービスでも、顧客という第三者に利用してもらう点は同じであり、充実したユーザー体験を提供することが重要になる。こうした領域のビジネスはまだ固まっておらず、まず市場に出して、そこから

フィードバックを得て、直していく。インターネットを通して不特定多数へサービスを公開していることから、大量のアクセスが来ることがあり、「Webスケール」に耐えられる可用性とスケーラビリティーが求められる。

これに対し、企業情報システムは所定の機能を実現したいという比較的はっきりした狙いがあり、事前にデータモデリングをして設計する。問題領域を表すにふさわしいデータ構造はどのようなものかを考え、計数がきちんと合うかといった整合性を重視する。

やや極端に説明したが、Webサービスシステムと企業情報システムの違いは、途中からWeb系企業に入った私からすると驚くほどのものだった。

受発注を例にとると、店員が受けるのではなくセルフの注文受け付けタブレットを使うとどうなるか。スマートフォンのプレオーダーアプリだったらどうなのか。それぞれのユーザー体験について導線設計が必要であり、それは企業情報システムの情報構造だけから導出できるものではない。

これに対し飲食店のホールスタッフの求める情報は複写式伝票というリレーショナルデータベース（RDB）構造の1つのビューだから、最近のローコード/ノーコードツールの生成する画面レイアウトでこなせるはずだ。そもそもこうしたツールはたいていデータモデルを前提にしており、モデルが決まれば画面も決まるようになっている。

画面からの入力をRDBに格納するとしよう。Webサービスシステムの場合、可用性やスケーラビリティーのために、画面の入力をいったん分散メッセージキューで受け取ってから、バックグラウンド処理でデータベースへ登録する場合がある。非同期の状態遷移の中で整合性の確保を目指さねばならない。

このため、いわゆる結果整合になったり、一部冗長なテーブル構造になったりする。そもそも正規化を意識せず入ってきたデータをそのまま格納することも多い。

企業情報システムの場合は、RDBを設計し、アプリケーション機能を設計、両者をつなぐ。正規化したデータ構造を設計してから、あえて“正規化崩し”をすることもある。

ユーザー体験を重視し、Webスケールの性能を求めるやり方は企業情報システムのベテランからすると「UI（ユーザーインターフェース）の問題」「要素技術の問題」と言いたくなるかもしれないがそれは違う。Webサービスシステムの世界はそれで1つの豊穣（ほうじょう）なドメインを形成している。

古いとか新しいとかの話ではない。異なるドメインがあり、それぞれ違うやり方があるということだ。

最初にWebサービスシステムの世界から入ったエンジニアにとって企業情報システムはどう見えているのだろうか。いや、これは質問の立て方がまずい。Web系企業には「企業情報システムを見たことも聞いたこともない」というエンジニアが一定数以上いる。

言い換えると、業務プロセスという概念や、複数のアクターの視座からみた複数の情報構造を統合する、すなわちRDB上に帳簿組織を構築するという意味でのデータモデリングを見たことも聞いたこともない。

SNS上のあるコミュニティーで「B2Bのシステムはやったことがありますから企業情報システムは分かっています」というWeb系企業のエンジニアがいた。確かに企業向けではあったものの、ある種の申請受け付けをするまでのシステムでアクター数は2だった。よく話をしてみると、この方は複数のアクターが異なる視座を持つ、ということやデータモデリングを知らなかった。

若いころの筆者はアクター1のデスクトップアプリケーションから開発を始めたので複数アクターのこともデータモデリングも知らなかった。途中から進路を変えたが、周囲に企業情報システムを開発していた同僚がいたのであれこれ聞くことができた。データモデリングや背景にある帳簿の概念にすぐ到達できたわけではないが、少なくともRDBの使い方は学べた。だがWeb系企業に入ってしまうと、そういう同僚は周囲にほとんどいないのではないか。

Web企業にも企業情報システムが必要に

先に「Web世代はECなどのWebサービスシステムを開発する。ただし徐々に企業情報システムに関わるようになりつつある」と書いた。

スタートアップの最初期であればこそ、新しいユーザー体験や、スケーラビリティーに注力していればよかったかもしれないが、事業が無事離陸し、成長期に移ると様相が変わる。

ECで言えば、当初は受けた注文単位で管理ができれば済んでいた。しかし事業が成長するにつれ、注文を配送先、出荷予定日、在庫引当状況などに応じて出荷指示情報として再編成し、物流倉庫へ連携したり、注文や返品の情報を会計へ流したり、といったバックエンドの業務プロセスが厚くなってくる。言うまでもなくアクター数は増える。

Web系企業においても企業情報システムを用意しなければならなくなる。どんな新興企業も成長すれば成熟企業へと変化していく。

このとき、今までのWebサービスシステム開発と同じ姿勢で、複数のアクター間で相互に交換されるデータを俯瞰（ふかん）できるモデルを確立しないまま、企業情報システム開発へ突入すると、いつまでたっても結合テストをパスできない事態に陥る。Web系企業であっても業務プロセスを支える企業情報システムをつくるにはやはり事前のデータモデリングは欠かせない。

ただしリレーショナルモデルでデータモデリングしたからといって、RDBで実装しなければならないわけではない。前述の通り、スケーラビリティー、アベイラビリティー、スループットなどの観点からRDBではなくKey-Valueデータベースに実装することもある。それでもいったんはリレーショナルモデルでモデリングし、データ構造の一貫性を確認する過程を踏んだほうが泥沼に落ちるのを避けやすくなる。

多くの成長したWeb系企業は企業情報システムが必要となるフェーズに達しているが、企業情報システムが分かる人材が足りていない。足りていないどころかそのことに気付いていない場合すらある。

Webサービスシステムの世界は現代的で華やかだ。新規案件も引き続き多く、現場は忙しい。これに比べ、企業情報システムは“いぶし銀”の世界だが、その知見があればさまざまな貢献ができる。

例えばワクチン接種管理システムのような「社会情報システム」はアクターが3以上である。ざっと挙げても、接種希望者、接種実施者、ワクチン配送者、接種会場運営者がおり、ワクチン接種の進捗状況を俯瞰(ふかん)したいアクターもいる。複数のアクターが複雑に絡むオペレーションシステムをつくるに当たってはデータモデリングの素養が必須である。

本書を読んでいただいたWeb世代の方が企業情報システム、ひいてはデータモデリングの世界に興味を持っていただけたらうれしい。

おわりに

Webシステムだけを開発している技術者はこういう「世界」があることをご存じないだろう。エンタープライズシステム、データモデルの世界はかくも奥深い。

データモデルの世界的な団体としては、データ管理を実践する国際的な非営利団体　国際データマネジメント協会（Data Management Association International（略称：DAMA-I））の日本支部（DAMA Japan）がある。DAMA Japanでは、データマネジメント知識体系ガイド（DMBOK）やデータマネジメント辞書などのベストプラクティスリソースを提供しているので体系的に勉強したい諸兄には参加をお勧めする。

コロナ騒動が勃発した2020年2月から本書の基となった日経クロステックでの連載は始まった。1年程度で終了しようと考えていたが、1冊の本としてまとめることができた。連載はまだ続いておりこの先も何らかの体裁で出せればと願っている。

IT勉強宴会で活躍されている方々に直接お願いして業務で忙しい中、時間を割いて書いてもらった連載記事を基に本書は完成した。感謝してもしきれない。出版してもっと広く読んでいただけるとは連載を開始した時には思ってもみなかった。望外の喜びである。執筆者の皆さま、編集・校正を行っていただいた日経BPイノベーションICT研究所の谷島宣之氏、日経BP技術プロダクツユニット編集委員の中村建助氏には改めてここに感謝申し上げる。

技術者として自信を持って発言してもらうために

最後になるが以下で、IT勉強宴会の活動を紹介したい。

企業を超えたワイガヤを再生しよう。趣旨に賛同してくれた友人数人と始めたのがIT勉強宴会だ。2010年から勉強会を始め、2017年2月22

日にNPO法人IT勉強宴会として登記した。

ワイガヤを復活させるには技術者に集まってもらい、経験を発表したり、他人の発表を聞き、意見を言ったりしてもらわなければならない。そこでIT勉強宴会のルールは「発表したいと表明した方にはどなたにでも発表してもらう」とした。

とはいえ簡単ではない。技術者の多く、特に転職経験のない方は自分の立ち位置すなわち技術者としての評価が分かっていない。しかも優秀な技術者でも引っ込み思案な人が多い。

筆者は若いころから外部の勉強会に積極的に参加していた。そのため、発表者が必ずしも「第一人者ではない」ということを知っていた。「自分の部下のほうがその分野について詳しい」と思ったことも結構あった。ところが部下にそう言っても本気にしないことが何度もあった。技術者だからか完璧主義になり「発表する限りどんな質問にも答えられなければ恥ずかしい」と考えているようである。

だがすべてが分かっているならその人は発表する必要が本来ない。発表は人に教えるためだけにするものではない。自分がまだ分かっていないことを人から気付かせてもらうことこそが重要である。

この姿勢がとれるかどうかは設計能力とも密接な関係がある。あなたは要件定義などの打ち合わせの時に積極的にホワイトボードの前に立てるだろうか。「分かっていないからこそホワイトボードの前に立つ」のである。すべてが分かっているのならホワイトボードに描く必要はない。

そこでIT勉強宴会は「発表の練習の場でもある」ということにした。初めて外部で発表する方や発表に慣れていない方もいるので開催日の1カ月ほど前に資料を作成してもらい、徹底的に筆者がレビューしている。筆者が「面白い」と感じる資料ができるまで多いときは2、3回実際に会って話し合い、資料のストーリーを一緒に考える。

ワイガヤの「場」を有意義に使ってもらうために

勉強会を開き、外部から講師に来てもらい、良い講演をしてもらった後、「何か質問がありますか」と聞いても誰も手を挙げない。よくある光景だ。本当に疑問も質問もないのだろうか。勉強会の後、個別に聞いてみると質問をしなかった理由はおおよそ4パターンあった。

（1）理解できておらず何を尋ねたら良いか分からなかった
（2）発表内容に納得したのでそのまま覚えた
（3）発表内容は理解でき、疑問もあったが質問するのが恥ずかしかった
（4）良く知っていた話で気になった点があったものの講師に恥をかかせたくなかった

（2）は自分の頭で考えていないから（1）と五十歩百歩である。分からないなら質問しなければならない。（3）と（4）は分かったとはいえ、質問したいこと、指摘したいことがあったわけだからやはり質問しなければならない。

受講者が気兼ねなく質問したり意見を表明したりすることは受講者だけでなく講師側の勉強にもなる。それこそがワイガヤの価値と言える。

恥など気にせず話をしやすくするにはどうするか。筆者が酒好きであったため、乾杯からスタートすることにした。これがIT勉強宴会という名称のいわれである。懇意のソフト開発会社の社長に協力してもらい、同社の会議室を朝まで無料で借用した。筆者が生ビールサーバーをレンタルし、おつまみを安売りスーパーで買い、参加者から会費として1000円をもらって勉強会を始めた。

飲みながらなので質問というか議論が始まる。たいてい19時からスタートするが予定の2時間では終わったことがなく、参加者の多くが終電まで議論を止めようとしない。第10回＜DOAの基本をおさらいしよ

うの会＞ではお開きになったのは日付を超えた深夜2時30分だった。休憩なしで7時間半も話し合っていた。

さすがにやり過ぎであり、このままでは参加者が限定されてしまうと反省し、2012年からはビールサーバーなしで開催することにした。最初の2時間は乾杯無しで勉強する。その後、居酒屋などに場所を移し、議論を続ける。

2次会が3次会になり、時には朝方まで続くこともあるが、勉強会は基本2時間で終わるようにしている。この2時間だけでも役に立つ内容にすることを目指しているが、本当の面白さは勉強会のテーマをネタにした2次会以降のワイガヤにある。「お酒は飲まなくても大丈夫、ぜひ懇親会の議論にも参加してほしい」と呼び掛けている。

さまざまな話題を取り上げる

これまで84回開催したIT勉強宴会のテーマの過半は上流工程やモデリングに直結している。「上流工程にも案外面白い話題があるのだな」と知ってほしいと願っているからだ。

ただし、それ以外にも現役の企業再生コンサルタントによる＜第38回 中小企業の社長は何を考えているか＞や、作るもの（SCOPE）を変化させながら開発する「アジャイル開発」の第一人者による＜第68回 われわれはなぜアジャイルに向かうのか＞など幅広いジャンルを扱っている。

最新技術も取り上げる。ITの世界では年々どころか毎月のように新技術が出てくる。米国で開催される、セールスフォース・ドットコムのイベントDreamforceや、アマゾン・ドット・コムの開発者向けイベントre:Inventで毎年数十、数百の新しい技術が発表されており、それらをIT勉強宴会で紹介してきた。

筆者も含めて技術者を名乗るならこうした話題を追いかける必要があると考えている。アマゾンが出した身近なAI家電のAmazon Echoで稼働するプログラムを開発する＜第65回 Alexaスキル開発を体験しよう＞という勉強会も開いた。

ワイガヤコミュニティを開始

おわりにの後ろに過去の勉強会の一覧を記した。勉強会の様子はすべて公開しているので「IT勉強宴会ブログ」で検索して探してほしい。すべてではないが資料も公開している。一覧表に◎を付けた回はYouTubeでも公開中だ。ブログ、YouTube以外の情報発信の場として、スタート当初から続けているのがメーリングリストである。無料なので登録いただければと思う。Facebookのページもある。

さらに守秘義務を前提としたコミュニティーが欲しいと考え、賛助会員コミュニティーを2017年から始めた。プロが実際に作っているフレームワークを説明したり、会員同士で意見交換をしたりしている。賛助会員コミュニティーだけに公開している資料も多数ある。こちらについてはリアルの勉強会に何度か参加して面白いと納得してから入っていただければと思う。セールスフォース・ドットコムのNPO支援の仕組みを利用し、コミュニティクラウドライセンスを格安で使わせてもらっている。

ドアは開いている。本書を読んで関心を持たれた方は、ぜひ一度、IT勉強宴会への参加を検討してほしい。

2022年3月

佐野 初夫　IT勉強宴会 理事長（テラスカイ シニアスペシャリスト）

過去に開催したIT勉強宴会の一覧

1	2010/8/18	GitHubの使い方/システム設計注意点ー運用を考慮する① —— /これからの会計システム開発とFusionPlace
2	2010/9/15	運用を考慮した設計（略すな危険）/小型コンピュータの最新動向
3	2010/11/6	刮目せよ！モデリング技術がもたらすオープンソース業務システム —前座—
4	2010/12/14	オープンソース Openbravo POS/基幹業務としてのクラウド
5	2011/1/14	Google Apps Script概説/テスト駆動開発（TDD)の実際
6	2011/2/25	チケット駆動開発〜タスクマネジメントからAgile開発へ/ 「ビジネスソフト」の選び方、作り方
7	2011/3/18	プロジェクト内コミュニケーションの新しい形/IFRSの導入で会計と業務の関係が変わる！
8	2011/4/22	「渡辺さんに目の前でシステムをつくってもらっちゃおう！」
9	2011/6/3	SEのための「知識入門
10	2011/7/8	DOAの基本をおさらいしようの会
11	2011/9/26	DOA+オーバービュー/マスタ統合/全社システムのアーキテクチャー
12	2011/10/28	言い訳ドリブン開発/データベース設計はプログラミングの後に行う
13	2011/12/16	コッド論文を読もう
14	2012/1/13	DBセキュリティツールGuardiumのご紹介/Rubyフレームワーク
15	2012/3/19	DAMA日本支部およびDMBOKについて
16	2012/5/25	DOA技術者のためのセールスフォース入門
17	2012/6/29	渡辺幸三が語る「データ中心設計の基本とクラウド開発」

◎を付けた勉強会の様子は YouTube で公開している

18	2012/8/24	rubyでお手軽に帳票・バッチのある業務システムを作ろう
19	2012/9/28	新刊「チケット駆動開発」の紹介/サロゲートキーとデータモデル
20	2012/12/.21	BPMとデータモデリング
21	2013/2/22	業界標準プロセスと、なんちゃってDOA/要求開発と三要素分析法で要件定義 ◎
22	2013/3/30	スケジューリング学会　合同シンポジュウム ◎
23	2013/5/24	知的書評合戦ビブリオバトル！
24	2013/7/1	ITエンジニアの ゼロから始める英語勉強法（ペラペラ実践編）◎
25	2013/8/30	クラウドビジネスの実態とエコシステムとしてのセールスフォース概要
26	2013/10/4	仕様書で駆動される生産管理システムの開発事例
27	2013/10/31	XEAD初心者の会：XEAD Driverインストール
28	2013/12/13	ドメイン駆動開発を知ろう
29	2014/2/15	ジェネレーティブ・プログラミングの世界 ◎
30	2014/3/6	【ソフトを他人に作らせる日本、自分で作る米国】を語ろう
31	2014/5/16	システム開発に関わる法令
32	2014/6/.26	モデルとは何か
33	2014/7/28	「受注生産」のためのシステム開発ライブ
34	2014/9/26	IT技術者が必要とする連結会計の知識
35	2014/10/29	企業情報システムの再開発手法

◎を付けた勉強会の様子は YouTube で公開している

36	2014/11/21	ITよろず相談会
37	2014/12/12	年忘れLT宴会
38	2015/1/9	中小企業の社長は何を考えているか
39	2015/2/20	競演モデリング発表会
40	2015/4/25	DDD、UML、DOA競演モデリング発表会 ◎
41	2015/6/19	ビブリオバトル
42	2015/7/17	話題のRedmineの魅力を知ろう
43	2015/8/21	生産管理再入門── MRPを超えて
44	2015/9/19	超高速開発コミュニティと共催　実装！花束問題
45	2015/11/6	ドメイン駆動設計でIT開発はこう変わる!!（かも）
46	2015/12/28	年忘れLT宴会
47	2016/1/22	Rubyで実装！花束問題
48	2016/2/23	【ドメイン駆動開発 】のための上流工程【再】入門
49	2016/8/12	モデリング＆プロトタイピング基礎と演習
50	2016/9/10	「超上流工程における要求分析への科学的アプローチ」研究会 共同開催
51	2016/10/25	あなたの知らない、上流工程の楽しみ方
52	2016/12/16	年忘れLT宴会
53	2017/2/4	深層学習の概要とドメインモデル

54	2017/3/24	データモデルを通して業務を理解しよう ◎
55	2017/5/12	複合主キーは必須なのか？
56	2017/6/17	ビジネスモデルワークショップ
57	2017/6/28	「単独主キー主義」の是非を問う
58	2017/9/2	モデリングと開発のスピード感を目撃しよう
59	2017/11/17	クラス図とデータモデルはどうちがう？
60	2017/12/29	年忘れLT宴会
61	2018/2/23	設計品質をどう確保するか？
62	2018/3/27	2人の方法論者によるデータモデリング激レア対談
63	2018/5/25	IoTの「今」を知ろう
64	2018/7/20	【 ITアーキテクチュアのセオリー 】出版記念講演 案内
65	2018/8/17	Alexaスキル開発を体験しよう
66	2018/10/6	方法論科学研究会（情報システム学会）
67	2018/12/7	年忘れLT宴会
68	2019/1/25	われわれはなぜアジャイルに向かうのか
69	2019/3/15	心理的安全性ゲームを体験しましょう！
70	2019/4/26	データモデルから読み解く業務パターン
71	2019/5/4	PROJECT THEME PARKゲームを経験しましょう！

◎を付けた勉強会の様子はYouTubeで公開している

72	2019/7/6	ライブモデリングin大阪
73	2019/9/27	IT相談宴会
74	2019/10/25	「SQLの苦手を克服する本」出版記念講演
75	2019/11/16	アジャイル開発大競演「ラグビーW杯データ管理システム」
76	2019/12/27	年忘れLT宴会
77	2020/2/28	再入門：「正規化崩し」としてのサロゲートキー
78	2020/5/1	「データモデル大全」出版記念ズム宴会
79	2020/5/15	「給付金管理システム」のモデルをアジャイルに考えよう
80	2020/10/23	ブライスの法則をつまみに盛り上がりましょう
81	2020/11/30	花束問題を使ったビジネスアナリスト社員教育の実践
82	2021/2/19	「新型コロナワクチン接種管理システム」をローコード開発してみた ◎
83	2021/4/16	データモデリングとローコード開発-飲み会
84	2021/7/9	データモデリングの基本のキをハンズオンで学ぼう ◎

著者略歴

佐野 初夫　IT勉強宴会 理事長（テラスカイ シニアスペシャリスト）

Salesforceの導入支援が本業である。多くの「失敗プロジェクト」を横目で見てきたが、ほぼすべてのプロジェクトにデータモデルがなかった。Salesforceはデータモデルを基本としたクラウドシステムなので失敗しにくい。データモデルを広げることが世の中の失敗プロジェクトを減らすことにつながると信じて活動している。副業申請してNPOを運営している。

渡辺 幸三　IT勉強宴会理事

2001年の最初の著作で「データモデルのパターンからアプリは自動生成できる」と主張し、これを実証するために、仕様書を書くだけでアプリとして動作するローコード基盤「X-TEA（エクスティ）Driver」を独力で開発し、無償公開した。同時に“実行可能な仕様書のライブラリ”「CONCEPTWARE」も10種類以上を公開中。ブログ「設計者の発言（https://dbconcept.hatenablog.com/）」で、システム設計に関するさまざまな知見を語っている。近著に『システム開発・刷新のための データモデル大全』（日本実業出版社、2020年）

中山 嘉之　アイ・ティ・イノベーション　ビジネステクノロジー戦略部長

大手製薬企業情報システム部の部門長兼ITアーキテクトとして活動する中で2010年、エンタープライズ・データHubを中核とする疎結合アーキテクチャを完成した。2013年アイ・ティ・イノベーションに移り、コンサルティング活動を開始。スパゲッティ＆サイロ化した巨大システムを美しく整理されたデータ環境に徐々に移行してくモダナイゼーション手法を確立し導入活動を行っている。著書に『システム構築の大前提―― ITアーキテクチャのセオリー』（リックテレコム、2018年）

髙田 富明　ナレッジ・ビー代表　システムエンジニア 中小企業診断士

組立型とプロセス型、毛色の違う製造業2社において情シスと生産技術の畑を歩む。管理会計・生産統制・FA・SCMシステムの企画/設計/構築/定着/成果出しを“中の人”として担ってきた。独立後は「クライアント企業の強みを活かすIT」を旗印にIT化ロードマップ策定・工場システムの設計・ベンダーとの通訳・内製要員育成を受託している。

三輪 一郎　プライド執行役員　シニア・システム・コンサルタント

株式会社プライドに入社後、クライアント各社の超上流工程並びに上流工程のコンサルティングに注力し、製造業、サービス業、金融業、官公庁などを広範に支援している。標準化・研修領域でも、データ中心型システム開発方法論の普及に努め、PMBOK、BABOK、DMBOK等に準拠した工程の標準化と、方法論・知識体系に基づく教育・研修を開発・実施している。青山学院大学プロジェクト教授、JUAS講師、PMP、ITコーディネータ。著書に『はじめての上流工程をやり抜くための本（エンジニア道場）』（翔泳社、2008年）

久保 敦啓　オープンソースソフトウエア開発者

Net_UserAgent_Mobile, Piece Framework, Workflower ほかオープンソースソフトウエアのクリエーターであり、「マルチパラダイムデザイン読書会」の主催者である。子供たちと一緒にハースストーン（バトルグラウンド）で遊ぶのが最近の趣味。

中西 昌武　名古屋経済大学名誉教授

株式会社プライドのコンサルタントを経て大学教師の道に入った。理論なき実践信仰は不毛だが、実践なき理論も空しい、というのが師の教えである。データモデリングは理論と実践を行き来する面白い世界である。自分の考案したデータ駆動型フォーム生成ツールを学会と IT 勉強宴会の共同研究会で発表したのが、IT 勉強宴会の俊英たちとの交流の始まりである。著書に『情報資源管理とシステム構築統制の探究 : 管理思想からの理論的検討』（共立出版、2020 年)

古関 雄介　HOIPOI代表取締役

2000 年ごろよりさまざまな業務システム開発プロジェクトに携わり、業務そのものの深い知見が不可欠と痛感し 2008 年に中小企業診断士を取得。さらに、データモデルを適切に設計できれば業務システム開発プロジェクトは成功するという思いの下、ローコード開発—ル TALON（タロン）を開発し、2014 年に起業した。顧客にとって価値あるシステムを提供することをミッションに活動している。

田中 浩一　Chatwork プログラマー

中学生の時 Z80 搭載のパソコンとプログラミングの世界に出会う。OS やフレームワークの概念を独学で獲得。2000 年代に今で言うローコードツールの開発に取り組むも挫折。振り返るとアプリケーションと RDB の関わりの定式化をやり切れなかったことが敗因。2010 年代から Web 系業界へ。2021 年より現職。

Web世代が知らない
エンタープライズシステム設計

2022年4月18日　第1版第1刷発行

著　者　IT勉強宴会
発行者　戸川 尚樹
発　行　日経BP
発　売　日経BPマーケティング
〒105-8308　東京都港区虎ノ門4-3-12
装幀・制作　後藤 一敬、日経BPコンサルティング
印刷・製本　図書印刷株式会社

本書籍に関するお問い合わせ、ご連絡は下記にて承ります。
https://nkbp.jp/booksQA

Printed in Japan
ISBN 978-4-296-11232-6